KB159987

수학의 진짜 재미

REAL MEANING OF MATH

수학은 어떻게 생각의 무기가 되는가

좋은날들

우리에게는 수학적 사고와 그 재미가 필요하다

수학의 바다는 깊고 오묘하다.

행여 수학을 '수에 대한 학문'쯤으로 생각한다면, 그것은 수학에 관한 한 2,500년 전 사고방식이다.

그렇지 않고 고등학교 때까지 배운 수학의 내용을 잘 기억해서,

"그래, 수학에는 숫자 계산뿐만 아니라 삼각형이나 원과 같은 도형에 대한 연구도 포함되어 있었지!"

라고 생각했다면?

그 생각은 대략 1,700년 전 정도의 수준까지 도달한 것이다.

그러니까, 우리는 초·중·고등학교 수학 시간에 2,000년 동안 발전한 수학을 배우는 셈이다.

그 후 400년 동안 수학은 빠르게 발전했다.

동시에 수학에 대한 이해도 급격하게 변했다. 그리고 심오해졌다.

나는 지금부터 그 이야기를 해보려 한다.

수학은 무엇이고 수학적 사고라는 것은 또 무엇인지,

그리고 그 안에 어떤 재미가 숨어 있는지를.

처음부터 수학에 대해서 너무 하고 싶은 말이 많았다.

그것을 모두 짧고 쉽게 말할 수 있다고 생각했다.

결국 너무 힘이 부쳐서 다른 길을 택했다.

쉽게 쓴다. 대신에 하나씩, 충분히 이야기한다. 익숙하지 않은 독자들이 이해할 수 있는 여유를 주면서.

중요한 것부터 설명하겠지만, 한 번에 모두 말할 수 없다.

그래서 한 권의 책에 모두 담을 수 없을 만큼 긴 이야기가 될 수도 있었다.

욕심을 줄이고 줄이느라 애먹었다. 내 욕심일 뿐, 독자들에게 도움이 되는 욕심은 아닐 테니까.

이 책의 목적은 수학을 최대한 쉽고 재미있게 설명하는 것이다.

수학의 재미를, 내가 발견한 진짜 재미를 말하려고 한다.

하지만, 다른 목적도 하나 보태고 싶다.

좀 더 심오하고 다채로운 수학의 진면목을 보여주고 싶다.

그저 고등학교 때까지 이미 배운 수학의 내용을 말하는 것이 아니라, 대학에서 배우게 되는 그 이상의 수학의 깊이까지 설명하고 싶은 것이다.

하지만 이 부분에서 많은 욕심을 내지는 않겠다.

그런 시도들을 했을 때 내용이 어렵고 따분해지는 것을 많이 경험했기 때문이다.

이 책을 재미 삼아 읽어가다 보면,

첫째, 수학의 모든 것이 새롭게 보일 것이다. 수학의 재미는 새로운 것을 아는 것보다는 이미 아는 내용의 의미를 다시 이해하는 데에서 시작하는 게 바람직하다.

둘째, 수학의 많은 것이 평범하고 당연하게 보일 것이다. 어려운 고급 수학 역시 우리가 이미 학교에서 배운 수학의 연장선 위에 있다. 본질은 같다.

셋째, '수학적 사고'가 손에 잡힐 것이다. 그것은 단 하나를 배워도 쓸모 있는 것이고, 또 많은 곳에서 쓸 수 있는 유용한 지식이다. 아니, 지식이라기보다는 생각의 기술이다.

이 책의 내용 외에도 수학에 대해 설명하고 싶은 것이 정말 많다.

괴델의 불완전성 정리, 갈루아 이론, 현대 군론 등을 쉽게, 하지만 어려운 내용까지 잘 전하고 싶다. 내가 다른 책에서 꼭 읽어보고 싶었던 것, 하지만 결코 찾지 못해 혼자 이해해야 했던 것들 말이다.

그러므로 수학에 대한 저술은 이후에도 여러 책과 유튜브 동영상 강의로 이어질 것이다.

내가 수학에 대한 공부를 지속하는 데에 가장 많이 격려해 주신 분이 한 분 있다. 수학과 교수님이 아니라 서울대 인문계열 학과의 어느 교수님이셨다.

그분은, 우리나라의 발전을 위해서는 수학 교육이 가장 중요하다고 생각하시는 분이셨다.

우연히 그분이 수학을 쉽게 설명하는 나의 재능을 알아보고 수십 년째 격려해 주고 계신다. 이 자리를 빌려 깊이 감사드리고 싶다.

그리고 이 책은 좋은날들 출판사 대표와의 만남에서 아래의 물음이 나온 게 처음 시작이었다.

"그런데, 수학의 재미란 게 뭘까요?"

그 진짜 재미를 여러분과도 나누고 싶다.

이창후

■ 차례

1장

수학의 위대한 힘

갖고 싶은 생각의 힘

우리나라 1960년대의 일이다.

당시에는 여름에 비만 오면 한강이 범람했다. 한강 변에 있는 많은 사람들의 터전이 물에 잠기곤 한 것이다.

이에 대통령이었던 박정희는 한강 상류에 댐을 짓기로 한다. 지금의 소양강 댐이다.

그리곤 여러 건설사 대표들을 불러 모아 댐 건설 계획을 설명했다.

삼성의 이병철 회장, 현대의 정주영 회장 등이 청와대에서 이 계획을 듣게 되었다.

그중에서도 현대의 정주영 회장은 회사로 돌아오자마자 비서진에 특별 지시를 내렸다고 한다.

"비서, 지금 당장 나가서 여름에 물에 잠기는 한강 하류 땅을 모두 사들이시오!"

그렇게 현대가 사들인 땅이 지금의 압구정동이다.

내가 대학생 시절에 압구정동에 가 보고는 (어렴풋이) 의아했던 점이 있다.

유명한 '압구정동 현대아파트'와 함께 그 옆에 커다란 '현대백화점'이 있었고, 또 거기에 고등학교 역시 '현대고등학교'였던 것이다.

모두 현대, 현대, 현대…였다. 왜 그럴까?

정주영 회장 이야기에 답이 있었다.

재미있지 않은가.

우리 동생이 이 일화를 내게 들려주었었다. 내가 대학생 때였다.

얘기를 듣고 나는 정주영 회장의 사고력에 감탄했다.

여름마다 물에 잠기던 한강 주변의 땅, 당시에는 얼마나 가격이 저렴했겠는가.

적어도 다른 사람들은 그때 소양강 댐 건립 계획을 알고 나서도 정주영 회장처럼 생각하지 못했다.

그만큼 정주영 회장의 사고력은 내가 부러워하는 생각의 힘을 단적으로 보여준다.

여기에서 우리는 수학을 만나게 된다.

이것은 실화다.

ㅣ 문명과 수학

꽃잎 하나에도 만물의 진리가 들어 있다는 얘기를 듣곤 한다.

비슷하게 정주영 회장의 일화 하나에도 많은 이야깃거리가 있다.

생각의 힘, 수학적 사고방식, 창의적인 사고 등.

하나씩 이야기해 보자.

결국 수학적 사고에 대해 말하겠지만, 먼저 생각의 힘에 대해서.

생각의 힘은 모두에게 중요하다.

인류는 다른 무엇보다도 생각의 힘을 발전시킴으로써 세상의 지배자가 되었다.

인류가 발휘한 생각의 힘은 무형에서 유형으로 바뀌어 문명이 되었다.

그렇게 축적한 생각의 힘은 눈부신 기술 문명을 이루어냈고, 기술 문명의 중심에는 수학이 있다.

수식으로만 표현할 수 있는 맥스웰의 방정식 덕분에 전기 기술이 가능해졌으며, 튜링 기계라는 수학적 개념 덕분에 현대 컴퓨터가 만들어질 수 있었고, 섀넌의 정보 용량 공식 덕분에 이동통신 기술이 생겨났다.

호롱불을 켜지 않고 간단히 스위치를 올려 방을 밝히는 것, 컴퓨터로 복잡한 계산을 하는 것, 걸어 다니면서 친구에게 전화를 하는 것, 이 모든 것이 현대 수학이 없던 시절, 500년 전 조선 시대만 하더라도 사람들에게는 '말도 안 되는 상상'이었다.

그런데 사람들은 이러한 사실을 잘 모른다. 현대 문명의 중심에 수학이 있다는 것을.

유명한 수학 교수이자 다수의 수학 명저를 남긴 모리스 클라인 교수도《수학, 문명을 지배하다》라는 책에서 이렇게 말했다.

> 수학이 근대 문화의 중요한 요소일 뿐 아니라 그 문화를 형성하는 데에 중요한 힘이었다는 주장을 펼치면 많은 사람들이 믿을 수 없다거나 아니면 너무 과장이 지나친 것 아니냐는 반응을 보인다.

이처럼 다른 많은 사람들이 증언하는 것이다. 사람들이 수학과 기술 문명의 관계를 잘 모른다고.

〈판타스틱 플래닛〉(1973)이라는 오래된 애니메이션에서도 이 점을 엿볼 수 있다.

칸 영화제에서 심사위원 특별상을 받았던 유명한 프랑스 애니메이션 영화이다.

여기서 주인공인 테어는, 자신을 애완동물처럼 키우는 트라그 종족의 뛰어난 기술 문명을 배운 뒤 로켓을 만들어 우주 공간으로 달아나며 트라그 종족에 맞선다.

그런데 주인공 테어가 기술 문명을 배우는 방법은 헤드폰으로 설명을 듣고 명상하는 것이다.

이런 식으로는 결코 수학을 배울 수 없다. 우리가 학교에서 좋거나 싫거나 수학을 공부해 봐서 안다.

헤드폰으로 들어서 배울 수 있는 지식은 단편적 내용에 불과하다. 명상으로 얻을 수 있는 것은 심리적 안정과 내적인 자아 발견이다.

우주 공간으로 로켓을 쏘아 올리는 기술 문명은 첨단 과학을 알아야 가능하고, 대학에서 그 기본적인 내용을 배워 보면 모두 복잡한 수학을 사용한다는 것을 알 수 있다.

이렇듯 기술 문명은 자연과학에 의존하고, 거기에 수학은 필수다.

슈퍼맨 같은 사고력

수학적 사고의 강력한 힘을 보여주는 예를 보자.

어려운 수학이 아닌, 쉽고 간단한 수학을 사용한 사례를.

2천2백 년 전의 수학자 에라토스테네스(Ερατοσθένης, BC 274~BC 196)가 그 주인공이다.

2천여 년 전의 일화라서 수학적 내용이 쉽다.

그때 에라토스테네스는 당시 세계 최고의 도서관이었던 알렉산드리아 도서관 관장이었다.

어느 날 그는 책을 읽다 우연히 흥미로운 사실을 하나 발견했다. '시에네'라는 마을에서는 하짓날 정오 때 깊은 우물 속 한가운데까지

수직으로 햇빛이 비친다는 사실을 어떤 문헌에서 읽은 것이다.

쉽게 말해 시에네에서는 하지 낮 12시에 태양이 정확히 머리 꼭대기에 온다는 말이었다.

하지만 같은 시각인 하짓날 정오 때 자기 도시인 알렉산드리아에서는 정확히 수직으로 선 막대기에 그림자가 생겼다. 태양이 약간 비스듬히 위에 있었던 것이다.

그는 그 그림자 길이를 측정하여 햇빛이 알렉산드리아에서는 7° 12′ 만큼 비스듬히 비친다는 것을 계산했다. 그리고는 아래의 그림과 같이 생각했다.

당시에는 사람들이 지구가 둥글다는 것을 알고 있었다. 수평선에서 사라지는 배의 모습에서 꼭대기가 제일 늦게까지 보였기 때문이다.

에라토스테네스의 지구 크기 측정

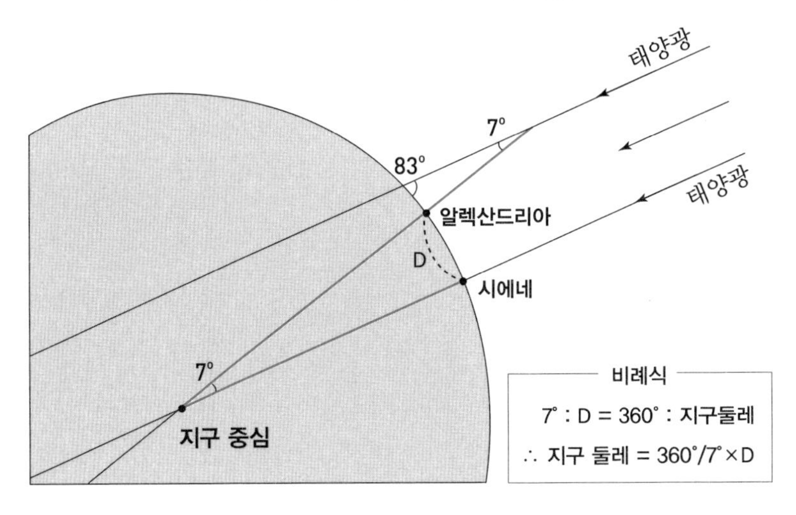

이를 바탕으로 에라토스테네스는 지구가 완벽한 공 형태인 구와 같고, 지구 둘레는 원이라고 가정했다.

끝으로 그는 알렉산드리아에서부터 시에네까지의 거리를 재서 약 5000스타디아(약 925㎞)라는 값을 얻었다.

그리고 아래의 공식을 썼다.

$$7°12' : 360° = 925㎞ : 원의\ 둘레$$

그렇게 얻은 결과는? 지구의 둘레가 약 46,250㎞라는 계산이었다. 현재 밝혀진 지구의 둘레 길이는 40,075㎞이다. 오차가 별로 크지 않다.

에라토스테네스는 그 옛날에 약 15% 정도의 오차를 가진 상당히 정확한 값을 알아낸 것이다. 대단한 일이 아닐 수 없다.

지구의 크기를 재려 한다면, 어떻게 해야 할 것 같은가?

슈퍼맨이 우주 공간으로 날아올라서 정말 긴 줄자를 들고 지구 주위를 한 바퀴 돌아야만 가능할 거라는 생각이 문득 떠오른다.

에라토스테네스는 우주선은커녕 자동차도 없던 시절에 그 일을 해낸 것이다.

바로 수학의 힘으로.

두 생각의 차이점

대단한 사고력을 발휘한 두 경우를 보았다.

알고 보면 둘 다 수학적 사고력이다. 정 회장의 사고는 문제 안에서 답을 찾아내는 수학적 특징을 가지고 있다. 에라토스테네스의 사고는 수학 교과서에 나올 그런 생각이다.

그런데 얼핏 봤을 때 정주영 회장의 경우가 더 매력적이다. 나는 그렇게 느꼈었다.

왜 그럴까?

그 생각의 내용과 방법이 더 단순하고 쉽다. 우리가 쉽게 따라 할 수 있다.

이에 비해 에라토스테네스의 생각은 훨씬 어렵고 복잡해 보인다. 까다로운 사고력이 필요할 것 같다. 그리고 학교에서 배우는 수학의 내용들이 대체로 그러하다.

이 때문에 나를 포함한 많은 사람들이 수학적 사고에 대해 애증愛憎을 갖고 있다. 한때 좋아하더라도 학교 공부를 통해서 그 복잡함과 어려움을 느끼고 이내 싫어하게 된다.

하지만 이와 같은 수학적 사고를 더 좋아하고 받아들여야 할 만한 여러 까닭들이 있다.

일단 두 가지를 짚어 보자.

첫째, 정주영 회장의 사고는 뛰어나지만, 돈 없는 사람에게는 무용

지물이다.

정 회장이 당시에 그 생각을 했더라도 만약 압구정동 땅을 살 수 있는 돈이 없었더라면 자신의 생각을 효과적으로 실현할 수 없었을 것이다.

반면에 에라토스테네스의 생각은 정말 생각 그 자체만으로 효과를 발휘한다. 그가 알렉산드리아 도서관 관장, 혹은 부자가 아니었더라도 지구의 둘레를 계산할 수 있었을 것이다.

둘째는 생각의 활용성이다.

정 회장의 생각에서 우리가 배울 수 있는 내용은 활용성이 떨어진다.

댐이 지어진다는 사실을 알고서 한강 하류에 침수되는 싼 땅들을 사면 큰 이익을 얻는다. 하지만 이 교훈을 활용할 수 있는 분야는 그렇게 많지 않다.

항상 새로운 댐을 짓는 것도 아니고, 그때마다 모든 사람들이 생각지 못한 값싼 땅이 생기는 것도 아니다.

에라토스테네스의 생각은 다르다. 그 생각에서 활용된 방법인 도형의 비율은 정말 많은 곳에서 사용할 수 있다.

고대부터 지금까지 이 방법이 측량에서 일상적으로 쓰이고 있다. 나 역시 특전사에서 근무할 때 낙하산 타고 뛰어내리는 훈련을 통제하면서 이 방법을 쓴 적이 있다.

생각의 힘이 삶의 도구라고 놓고 보자. 활용성의 문제는, 이 도구가 만능 도구인가 아니면 단 하나의 작업에만 쓸 수 있는 도구인가 하는 문제이다.

당연히, 만능 도구를 얻는 것이 더 낫지 않겠는가.

수학은 그런 만능 도구와 같은 생각의 힘을 가장 많이 얻을 수 있는 분야이다.

그렇게 큰돈을 번다고?

마지막으로 따져볼 만한 솔직한 이유는, 현실적인 문제이다.

에라토스테네스의 사고력보다 정주영 회장의 사고력에 더 애착이 가는 까닭 중 하나는, 정주영 회장은 큰돈을 벌었고 에라토스테네스는 그렇지 못했다는 점이다.

2천2백 년 전에 지구 크기를 정확히 쟀다는 것은 틀림없이 대단한 일이다. 하지만 다른 사람이 아닌 나 자신에게는 그런 과학적 업적보다는 생계비를 해결하는 것이 더 중요하다.

바로 이 점에서도 수학은 강력한 힘을 가지고 있다.

한 사람의 연봉, 즉 1년 동안 벌어들이는 수입을 생각해 보자.

만약 우리가 1년에 1억 원 이상을 벌어들인다면 나쁘지 않을 것이다.

그런데 이런 억대 연봉자 역시 부러움을 느끼는 유명한 사람들이 있다. 세계적인 연예인이나 축구 스타이다. 예를 들어 2022년 아르헨티나의 월드컵 우승을 이끈 리오넬 메시는 재산이 1조 2천억 원에 이른다. 1조 원이면, 한 채 20억 원 하는 강남 아파트를 500채 살 수 있는 재산이다.

하지만 이보다 더 많은 돈을 매년 벌어들이는 사람이 있다. 펀드매니저인 '이스라엘 잉글랜더'이다.

이 사람은 매년 3~4조 원의 연봉을 받는다. 2020년에 4조 2천억 원을 받았다. 리오넬 메시의 전 재산보다 3배 이상 더 많은 돈을 단 1년에 벌어들이는 것이다.

이스라엘 잉글랜더의 2019년 한 해 수익률이 26%에 이른다고 한다.

수익률은, 수익에 수익이 붙는 비율로 계산하면 된다. 100억을 투자한다면 1년에 126억을 만들어내고, 2년째에는 159억, 3년째에는 약 200억 원으로 금액이 2배가 된다.

이것은 비율의 문제이다. 이 회사에 내 돈 1억을 맡기면 3년 후에 2억, 다시 3년 후(6년 후)에 4억, 다시 3년 후(9년 후)에는 8억으로 불어난다는 말이다. 그렇다면 부자들이 "내 돈도 같이 투자해 주시오."라고 돈을 맡길 게 틀림없다.

많은 돈을 모아서, 예를 들어 100조 원 정도의 돈을 운용한다면 매년 26조 원을 벌어들일 수 있다. 그 일을 한 사람인 펀드 매니저가

능력의 대가로 4조 원을 갖는 것이다.

정리하자면, 한 해 4조 원을 받는 펀드 매니저의 힘은 26%라는 투자 수익률에 있다.

그런데 세계 최고의 투자 수익률을 기록하는 회사는 따로 있다. '르네상스 테크놀로지'라는 투자 회사이다.

이 회사를 만든 사람은 '제임스 사이먼스'인데, 그는 전 하버드 및 MIT 수학과 교수이자, 현 미국 국립과학아카데미 회원이다. 한마디로 말해 수학자인 것이다.

그는 버클리대 수학과 교수인 엘윈까지 불러들여서 〈메달리온 펀드〉를 만들었는데 연평균 수익률이 38.4%에 이른다. 매년 38.4%의 수익률을 기록하면, 100억 원을 투자했을 때 3년 후에는 다음과 같이 약 3배 가까이 불어난다.

1년, 100억 → 138억

2년, 138억 → 191.5억

3년, 191.5억 → 265억

이 회사에 내 돈 1억을 맡기면 9년 후에 약 19억으로 불어나는 것이다. (30년간 평균 66% 수익률이라는 언론 보도도 있다.) 그리고 이런 회사 역시 다른 부자들의 돈을 위임받아서 100조 원 이상을 운용한다.

이 같은 이야기를 들을 때마다 나는 의심을 하곤 했다.

"수학자가 회사를 만들기는 했으나, 실제로 투자 활동을 할 때는 다른 능력을 발휘하는 것이 아닐까?"

사이먼스 교수의 경우에는 그렇지 않다. 그는 주식 투자에 수학적 모델을 도입해서 그런 기록적인 수익률을 만들어냈다.

르네상스 테크놀로지에서는 실제로 주식 투자 경력자를 고용하기보다는 수학자, 컴퓨터 과학자, 암호 전문가 등의 수학 능력자들을 직원으로 고용하는 것으로도 잘 알려져 있다.

회사 대표인 사이먼스 교수의 재산은 32조 원이다.

그는 수학의 힘으로 어마어마하게 많은 돈을 벌고 있는 것이다.

수학이 생각의 무기가 되려면

정리를 해 보자.

수학의 진짜 재미, 그 첫 번째는 수학에 있는 강력한 생각의 힘이다.

생각의 힘을 키우는 공부에는 철학도 있다. 철학은 생각에 대해서 생각하는 학문이다.

"어떻게 살아야 행복할까?"라는 물음에 '돈을 많이 벌어야 한다'라는 게 일상적 사고라면, 철학적 사고는 '행복하다는 것은 무엇인가?', '돈이 진정 행복의 조건인가?'처럼 생각의 중요한 부분인 핵심 전제들에 대해 비판한다.

이에 비해 수학은 생각의 규칙에 대해서 '매우 정확하게' 생각하는 학문이다.

그 생각의 힘은 머릿속 계산으로 지구의 크기를 잴 수 있게 해주고, 마음먹은 대로 계속 돈을 벌어들이거나 일상의 업무에서 놀랄 만한 사고력을 발휘하게도 해준다. 그리고 과거에는 상상도 하기 힘들었던 기술 문명을 만들어냈다.

이런 수학을 공부한다는 것은 마술 램프를 얻는 것과 같다. 수학이 동화 속의 이야기가 아니라 현실에 있는 마술 램프인 셈이다. 그런 마술 램프를 얻는다는 것, 재미있지 않겠는가.

그런데 이 같은 '생각의 무기'를 어떻게 얻을 수 있을까?

호랑이를 잡으려면 호랑이 굴에 들어가야 한다.

마찬가지로, 그런 생각의 힘을 얻으려면 일단 그 생각의 힘에 대해 자세히 알아봐야 한다.

여기서 또 다른 수학의 재미를 찾을 수 있다.

2장

문제 안에 있는 답

압구정동의 탄생 논리

앞에서는 정주영 회장의 생각과 수학자인 에라토스테네스의 생각을 대비시켰다.

하지만 실제로는 정주영 회장의 생각에도 수학적 사고가 들어 있다. 앞에서도 언급했던, 문제 안에 있는 생각에서 답을 찾는 사고가 그것이다. 정 회장의 생각을 적당히 수학에 연관시키려는 것이 아니라, 정확히 그러하다.

구체적으로 살펴보자.

정 회장이 청와대에서 듣게 된 것은 다음의 내용이다.

"한강 하류의 범람을 막기 위해 소양강 댐 건설 사업을 할 테니 참

가하시오.”

이때 다른 사람들은 이렇게 생각했을 것이다.

‘소양강 댐 건설 사업에 어떻게 참여하지? 어떻게 댐을 지어야 돈을 많이 벌 수 있을까?’

이 질문에 대한 답은 질문 그 자체에 있지 않다.

소양강 댐 사업에 참여해서 돈을 벌 궁리를 하는 사업가들은 질문만 들여다보고 있을 수 없었을 것이다. 질문에는 소양강 댐을 짓는다는 내용만 있다. 어떻게 짓는다든지, 거기에 자금이 얼마나 투자되는지에 대한 내용은 없다. 그들이 좋은 답을 찾으려면 다른 많은 자료와 정보를 살펴봐야 했을 것이다.

옛날이라면 각종 건설 자료를 들여다보고 지금이라면 인터넷을 뒤져야 할 것이며, 또 관련 전문가를 불러서 의견을 들어야 할 것이다. 어렵고 힘든 작업이다.

이에 반해 정주영 회장은 질문 그 자체에 이미 들어 있는 답을 찾아냈다.

한강 하류의 범람을 막기 위해 …

⇒ 여름에 자주 물에 잠기는 땅이 있다.

소양강 댐 건설 사업을 할 테니 …

⇒ 이제 그 땅이 물에 잠기지 않게 된다.

이 생각에서, 누구라도 그 땅의 가격이 현재는 매우 싸다는 것을 알 수 있다. 그리고 곧 그 땅이 비싸게 될 거라는 것도 알 수 있다.

쉽고 간단한 작업이다. 왜? 질문 안에 이미 답이 있으니까.

바로 이 점이 매력적이다.

또 이 점이 수학적 사고이기도 하다.

2차 방정식 안에 있는 생각의 힘

우리는 이런 수학적 사고를 이미 배웠다. 수학 교과서에서 말이다.

질문 안에서 답을 찾아내는 수학적 사고법. 안타깝게도 이런 재미를 즐기면서 배울 틈이 없었겠지만.

대한민국에서 고등학교를 졸업했다면 누구나 알 만한 2차 방정식의 풀이법을 생각해 보자. 2차 방정식을 풀 때 우리는 다음과 같이 배운다.

$x^2-5x+6=0$ 이라는 2차 방정식의 근을 근과 계수의 관계로 찾아낼 수 있다. 두 근을 합한 값이 5가 되어야 하고, 곱한 값은 6이 되어야 한다.

2차 방정식에 대해 배웠다면 모두 이런 풀이법을 기억하고 있을 것이다. (행여 생각나지 않는다면 설명을 읽으며 차분히 떠올려 보자.)

이 부분에 대해서 잘 생각해 보면, 의외로 놀라운 사고력을 발견할 수 있다.

먼저 출발점은, 이 식이 아래처럼 된다는 것이다.

$$x^2-5x+6=0 \iff (x-\alpha)(x-\beta)=0$$

만약 2차 항(x^2)의 계수가 1이 아니라 다른 수 a라면,

$a(x-\alpha)(x-\beta)$라고 놓아야 할 것이다. 하지만 수학 교과서처럼 너무 복잡한 예를 생각하지는 않겠다.

어쨌든 이 정도는 잘 알고 있을 것이다.

$x^2-5x+6=0$과 같은 2차 방정식이 있다면,

항상 $(x-\alpha)(x-\beta)=0$으로 놓을 수 있다는 내용 말이다.

그런데 나는 이 내용에서 사실 감탄을 느꼈다.

"왜 그렇지? …… 맞아, 정말 그렇겠군!"

이미 아는 것일지라도 좀 더 따져 보자. 여기서 수학의 깊은 재미를 찾을 수 있다. 우리가 익숙하게 알지만, 어쩌면 한 번도 논리적으로 생각해 보지 않았던 내용이 있는 것이다.

먼저 생각해 보자.

난생처음 $x^2-5x+6=0$이라는 방정식을 보고,

이 식이 $(x-\alpha)(x-\beta)=0$과 같은 형식으로 변할 수 있다는 것을 아는 학생이 몇이나 되겠는가?

그런 생각은 꽤 어렵다. 아무나 할 수 없는 매우 어려운 생각이다. 하지만 신기하게도 당연한 내용이기도 하다. 가만히 따져 보면 그렇다.

2차 방정식의 근을 구하려 한다.

근이란 무엇인가? 식을 만족시키는 답이다.

이것이 뭘 뜻하는가?

$x^2-5x+6=0$의 x 자리에 근(정확한 답)을 넣으면 이 식이 성립한다는 뜻이다. 다시 말해, x에 그 수(근)를 넣으면 0이 된다.

답이 어떤 수인지 모르지만 그 수를 α라 하자. 그럼 α를 넣으면 0이 된다는 뜻이니, 이렇게 된다.

$$x^2-5x+6=0 \iff (x-\alpha)\square=0$$

여기서 □는 '뭔가 x의 식이 들어가는 곳'이다.

수학에서는 이 부분을 $Q(x)$와 같이 쓴다. 이렇게.

$$x^2-5x+6=0 \iff (x-\alpha)Q(x)=0$$

그런데 우리는 2차 방정식의 근이 2개라는 것을 알고 있다. 이것 역시, 배우지 않으면 생각해 내기 매우 힘든 내용이다. 다른 사람들이 정주영 회장처럼 한강 하류의 물에 잠기는 땅을 살 생각을 미처 못 했듯이 말이다.

하지만 사실 잘 생각해 보면 당연하게 알 수 있는 내용이다.

어떻게?

2차 방정식, 즉 x^2이 있는 식은 왜 생겼겠는가? x가 곱해져서 생겼다.

만약 x만 곱해졌다면 x^2이 되었을 것이다.

하지만 $x^2-5x+6=0$과 같이 뭔가 다른 항들$(-5x+6)$이 붙어 있다. 그러니까 틀림없이 $x-1$나 $x+8$, 혹은 x에 다른 뭔가가 더해지거나 빼진 것, 즉 $x-\alpha$ 형태의 것들이 2개 곱해져서 생겼음에 틀림없다.

(엄밀히 하자면, n차 방정식에는 항상 n개의 근이 있다는 대수학의 기본 정리를 말해야 한다. 가우스가 증명했다. 어려운 설명을 피하고자 이 정도로 줄인다.)

즉 α 외에도 그와 같은 또 다른 값 β가 더 있다.

그러니까, (반복하자면) 다음의 결과가 나온다.

$$x^2-5x+6=0$$
$$\Longleftrightarrow (x-\alpha)(x-\beta)=0$$

여러분이 정주영 회장의 생각에 감탄했다면, 수학 교과서의 내용에도 감탄해야 한다.

이왕 2차 방정식을 생각하니까, 마저 풀어보겠다.

$(x-\alpha)(x-\beta)=0$을 곱해서 풀면

$x^2-(\alpha+\beta)x+\alpha\beta=0$이 나온다.

이것은 곧 $(\alpha+\beta)=5$이고 $\alpha\beta=6$이라는 뜻이다.

더해서 5가 되고, 곱해서 6이 되는 두 수가 이 방정식의 근인 것이

다. 2와 3이다.

처음부터 끝까지, 문제에 이미 들어있는 의미를 풀어내기만 했다.

그리고 전혀 모르던 답, 어려운 답을 찾아냈다.

쉽지만, 사실은 잘 모른다

나처럼 수학의 재미를 이야기하려는 저자들이 많이 있다. 그럴 때 언급하는 수학의 내용들은 아래처럼 두 부류로 나눌 수 있다.

친숙한 주제

: 2차 방정식과 인수분해, 피타고라스의 정리 등을 다룬다.

신기한 주제

: 위상수학, 프랙털, 암호학, 확률론의 응용 등을 다룬다.

나는 독자로서 처음에 신기한 주제를 다루는 설명에 관심이 많았다. 친숙한 주제들은 진부하다. 이미 다 아는 내용이다. 그런데 내가 지금은 친숙한 주제들로 수학을 설명하게 되었다. 앞에서 이야기한 2차 방정식처럼.

2차 방정식은 쉽게 느껴진다. 그래서 이젠 큰 흥밋거리가 아니다.

하지만 내가 찾은 수학의 재미는, 이미 잘 안다고 생각했던 것 안에서 미처 생각하지 못했던 많은 지혜와 지식을 발견한다는 데에 있다. 2차 방정식 역시 그러하다.

그리고 우리는 대체로 2차 방정식을 그렇게 잘 알지 못한다. 쉽게 느껴지는 것은 그저 수학 시간에 관련된 연습 문제를 많이 풀어 봤기 때문이다.

우리가 잘 아는 듯하지만 자주 망각하는 진실을 보여주는 유머가 있다.

♣ 바지 주머니에서 돈을 찾았을 때

"네가 바지의 오른쪽 주머니에서 3,000원을, 왼쪽 주머니에서 5,000원을 꺼낸다면 어떻게 되지?"

"이 바지가 제 것이 아니라는 것을 알게 되죠."

숫자 계산을 위해 예를 들었는데 대답이 엉뚱하게 나왔다.

그런데 완전히 엉뚱하지만도 않다. 우리가 공감할 만한 부분이 있기 때문이다. 그래, 내 바지 주머니에는 저렇게 돈이 들어 있지 않아! (항상 다 써버리니까.)

그렇다. 알고 보면 그런 현실이 우리 바로 옆에 있다. 하지만 자주 잊는다. 이것을 갑자기 드러냈을 때 재미있기도 하다.

2차 방정식에 대한 수학적 지식도 이 점에서 같다.

이렇게 매우 친숙하고 간단한 것도 잘 모르는데, 위상수학과 프랙

털을 읽는다고 알 수 있을까?

뭔가 흥미는 느끼겠지만, 수학에 대해서 더 배우지 못할 가능성이 크다.

이제 그것들을 조금 알아보고 넘어가자. 친숙하지만 사실은 잘 모르는 것들을.

방정식이라는 단어

2차 방정식은 일종의 '방정식'이다.

이에 대한 두 측면을 따져볼 수 있다. 하나는 역사적인 내용이고 다른 하나는 수학적인 내용이다.

간단한 역사적인 내용부터.

"방정식"이라는 용어는 어쩌다 생겼을까?

이게 왜 궁금한가?

'부등식'이나 '항등식'이라는 말과 비교해 보자. 부등식不等式은 $x+2>3$과 같은 식이다. 이 식은 $x+2$가 3보다 크다는 것을 나타낸다. '같지(등等) 않다(부不)'는 것을 표현하는 식이니까 부등식이다.

항등식은 $(x+y)^2=x^2+2xy+y^2$과 같은 식이다. x와 y에 어떤 수가 들어가든 항상 등호가 성립한다. '항상(항恒) 등호가 성립한다(등等)'고 해서 항등식이다.

방정식은? $x^2-5x+6=0$과 같은 식이다.

여기에서 어떤 부분이 '방정'에 해당할까? '방정'은 무슨 뜻인가?

나는 어릴 때 수학책에서 방정식이라는 용어를 처음 보고 '방정맞다'라는 우리말을 생각했다. 방정식을 배우면서 '방정맞다'는 뜻과 관련된 것은 전혀 찾을 수 없었다. 그저 안에 미지수를 가진 식일 뿐이었다. (특히 그 미지수에 아무 값이나 들어갈 수 있는 것이 아니라 특정한 값만 들어갈 수 있는 식을 뜻한다.)

그렇다면 방정식이란 말은 어디서 왔는가?

중국의 수학자 이선란(李善蘭, 1811~1882)이 서양의 수학책을 번역할 때 equation을 '방정식方程式'이라는 한자어로 번역했다. 이후 우리도 이 용어를 가져다 쓴 것이다.

그럼 이선란은 왜 방정식이라는 용어를 썼을까?

대략 2천 년 전에 쓰인 중국의 오래된 수학서로 《구장산술》이란 책이 있다. 그 책의 제8권 제목이 '방정方程'이라서 이 용어를 쓴 것이다.

출처인 책의 내용을 고려할 때 이 용어가 꼭 맞다고 할 수는 없다. 거기서 '방정'의 대목에서는 사실 연립 일차 방정식의 풀이를 다루고, 오히려 제7권인 영부족盈不足 단원에서 일차 방정식을 다루기 때문이다. (연립 방정식의 계수를 사각형 모양으로 배열하는 것이 방方, 이로써 해를 구하는 과정이 정程에 해당한다.)

어쨌든 몇 가지 방정식 종류를 다루니, 비슷한 뜻을 연상해서 '방정'이라는 용어를 가져온 것 같다.

여기까지가 역사적인 내용이다.

암기하거나 책을 읽으면 알 수 있고, 오직 그런 방식으로만 알 수 있는 내용이다.

방정식 안의 수학

그럼 방정식에 대한 수학적 의미는?

이것은 누가 알려주지 않더라도 방정식의 개념 자체를 자세히 따져 보면 알 수 있다.

우선, 방정식에서는 숫자 계산의 순서가 바뀐다.

'수학'이라는 말을 듣고 우리가 제일 먼저 떠올리는 의미는 숫자 계산이다.

다음과 같은 것.

$$2\times(5+1)=?$$

그것은 아무리 복잡해도 결국에는 사칙연산(+, −, ×, ÷)의 반복이다.

숫자가 커지면 어렵겠지만, 근본적으로 천천히 착실하게만 하면 어려울 일이 없다. 요즘이라면 컴퓨터를 쓰지 않더라도 전자계산기로

다 할 수 있다. 만약에 수학이 이런 내용만 다룬다면 많은 학생들이 수학에서 지금보다 더 괜찮은 성적을 낼 것이다.

그런데 수학은 여기서 크게 다르지 않으면서도 상당히 어려운 것을 포함하게 되었다. 계산의 방향이 다른 경우다.

왼쪽에서 오른쪽으로 숫자들을 쭉~ 계산해서 답을 내는 것이 아니라, 정해진 답은 아는데 그 답을 내려고 계산하는 숫자들 중의 어떤 값을 모르는 상태이다.

다음과 같은 것.

$$2\times(?+1)=5$$

여기서 우리는 물음표 자리에 미지수를 뜻하는 문자 x를 쓴다. 초등학교 때까지는 문자 x 대신에 □를 썼었다.

그만큼 문자로 미지수를 나타내는 것은, 수학적으로 꼭 필요한 것은 아니다. 그래도 익숙하니까 x를 쓰자. 그럼 이렇게 된다.

$$2\times(x+1)=5$$

이런 생각 자체에 어려운 점은 없다.

하지만 계산의 순서를 바꾸는 이 단순한 방법에서 많은 놀라운 일들이 생긴다.

계산 순서를 바꾸면 생기는 뜻밖의 일

평범한 숫자 계산에서, 그 계산 순서를 바꾼 것이 방정식이라 할 수 있다.

다시 말해, 계산의 순서를 바꿔 생각한다는 것은 방정식을 만들어 푸는 것이다.

이때 세 가지 일이 생긴다.

첫째, 이런 방정식의 사고방식을 사용할 곳이 훨씬 많아진다.

예를 들어 보자.

2천 년 전 고대 수학자인 디오판토스의 묘비명에는 다음과 같은 글이 적혀 있다.

> 신의 축복으로 태어난 그는 인생의 1/6을 소년으로 보냈다. 그리고 인생의 1/12이 지난 뒤에 얼굴에 수염이 자라기 시작했다. 다시 1/7이 지난 뒤 그는 아름다운 여인을 맞이하여 결혼했으며, 그 후 5년 만에 아들을 얻었다. 아! 그러나 그의 가엾은 아들은 아버지의 인생의 반밖에 살지 못했다. 아들을 먼저 보내고 슬픔에 빠진 그는 그 뒤 4년 후에 생을 마쳤다.

이 묘비명에 따르면 디오판토스의 인생은 몇 년이겠는가?

숫자 계산이 그렇게 까다롭지 않지만, 그냥 계산하려 하면 쉽지 않다. 하지만 계산하려는 그의 일생의 길이(나이)를 x로 놓고 방정식을 세우면 크게 어렵지도 않다.

먼저 인생의 1/6을 소년으로 보냈으니 그 시간을 $\frac{1}{6}x$라 할 수 있다. 그 후 수염이 날 때까지 인생의 1/12이 지났으니 $\frac{1}{12}x$이다. 다시 결혼하기 전까지 인생의 1/7이 지났으니 $\frac{1}{7}x$이다. 그 후에 5년이 지났으니 5를 더해야 한다. 또 아들이 태어났다가 죽었는데 그 기간이 인생의 반이다. 그러니까 $\frac{1}{2}x$를 더하자. 마지막으로 4년을 더 살았다. 이것들을 모두 더하면 인생의 길이, 즉 x가 나와야 한다.

$$\frac{1}{6}x+\frac{1}{12}x+\frac{1}{7}x+5+\frac{1}{2}x+4=x$$

이 식을 세우고 나면 쉽다.

통분을 해야 하는데, 6과 12, 2를 분모로 하는 부분은 모두 12로 통분할 수 있다. 그다음에 7과 12를 통분해야 하니 84로 통분해야 할 것이다. 즉 84를 곱하면 분모가 모두 사라진다.

$$14x+7x+12x+420+42x+336=84x$$

그러면 이제 $84x$를 왼쪽으로 옮기고 420과 336을 오른쪽으로 옮겨주면 되겠다.

$$14x+7x+12x+42x-84x=-420-336$$

이제 덧셈과 뺄셈, 나눗셈만 하면 된다.

$$-9x = -756$$
$$x = 84$$

이것은 기본적인 1차 방정식의 응용으로서 그렇게 어렵지 않다. 하지만 오랜만에 수학책을 뒤적이다가 이런 문제를 만나면 생각보다 어렵다.

그때 무엇이 어려운가? 바로 처음에 디오판토스의 나이를 x로 놓고 식을 세우는 단계이다. 사칙연산을 못 해서 어려운 것이 결코 아니다.

뒤집어 생각할 수 있다는 것. 방정식을 배웠을 때 까다로운 계산 문제를 더 쉽고 정확하게 해결할 수 있다.

생각보다 훨씬 까다롭다

둘째, 계산이 까다로워진다.

더 정확히 말해 문제 해결이 까다로워진다고 해야 할 것이다.

다음의 경우를 보자.

가로가 20m이고, 세로가 15m인 잔디밭이 있다. 여기에 가로와 세로를 똑같이 일정한 길이만큼 줄여서 남은 잔디밭 넓이를 204 m^2

로 만들려고 한다. 이때 가로와 세로를 줄이는 길이는 얼마일까?

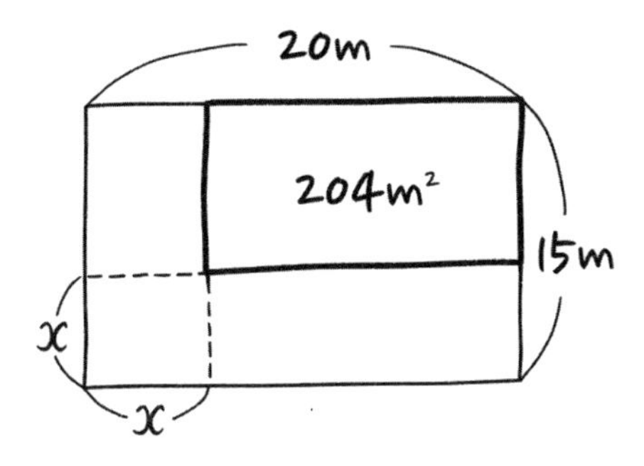

이 문제는 까다롭다. 2차 방정식을 사용해야 하는 문제이다.

반면에 다음과 같은 문제라면 훨씬 쉽게 해결할 수 있다.

가로가 20m이고, 세로가 15m인 잔디밭이 있다. 여기에 가로와 세로에서 각각 4m씩을 줄이면, 남은 잔디밭 넓이는 얼마가 될까?

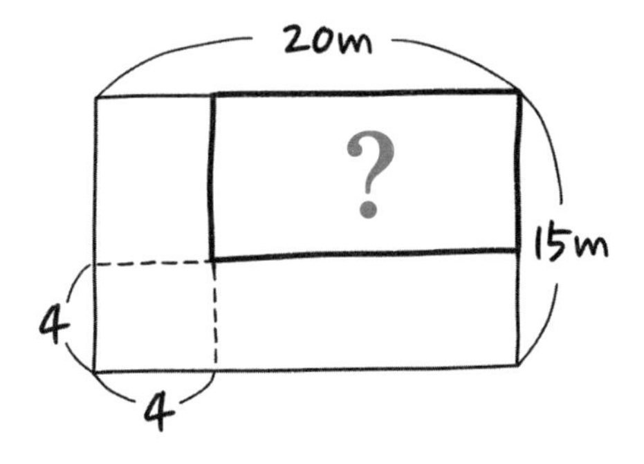

두 번째 문제는 다음과 같이 쉽게 풀 수 있다.

먼저 20m에서 4m를 줄이니까 16m, 그리고 15m에서 4m를 줄이니까 11m이다. 이 둘을 곱하면,

$$(20-4)\times(15-4) = 16\times11$$
$$= 176m^2$$

이 문제를 첫 번째 문제와 비교해 보자.

첫 번째 문제가 훨씬 까다롭다. 아는 값에서 한 방향으로 계산하는 것이 아니기 때문이다. 이때 방정식을 만들어서 풀어야 한다.

문제에서 구하려고 하는 것은 가로와 세로를 줄이는 길이이다. 이때 줄이는 길이를 x라 하자. 그러면 잔디밭의 가로와 세로는 각각 $20-x$와 $15-x$가 될 것이다.

그럼 남은 잔디밭의 면적 $204m^2$는 이 둘을 곱한 값이니, 다음과 같이 된다.

$$(20-x)(15-x) = 204$$

풀이를 하면 아래와 같다.

$$300-20x-15x+x^2 = 204$$
$$300-204-35x+x^2 = 0$$
$$x^2-35x+96 = 0$$
$$(x-32)(x-3) = 0$$

따라서 x는 32 혹은 3.

그런데 원래 잔디밭의 가로와 세로는 각각 20m와 15m이므로 32m를 뺄 수 없다. 그러므로 답은 3m가 된다.

풀긴 풀었는데, 지금 설명의 초점은 x의 값을 아는 것이 아니다.

방정식을 만들어 풀어야 하는 계산이 훨씬 까다롭다. — 이것을 기억하자. 그래야 방정식의 의미를 알 수 있다.

새로 나타나는 수

셋째, 새로운 종류의 수가 나온다.

다음의 두 경우를 비교해 보자.

$$2\times(5+1)=x$$
$$2\times(x+1)=5$$

첫 번째 경우는 그냥 한 방향으로 계산하는 문제이다. 답은 12가 나온다.

두 번째 경우는 1차 방정식이다. 계산이 어렵지 않다. 답은 $\frac{3}{2}$이 나온다. 여기서 $\frac{3}{2}$은 분수이다.

문제는? 정수들로 만든 식에서 분수가 나온다는 것이다.

첫 번째 식인, 한 방향으로 계산하는 식에서는 이런 문제가 생기지 않는다. 정수들로 더하기와 곱하기를 하면 어떤 값이 나오든 결과는 항상 정수일 것이다.

하지만 1차 방정식이 되면 정수들로 구성된 방정식에서도 x의 값이 분수가 나올 수 있다. 이때 분수는 일종의 '새로운 수'라 할 수 있다.

1차 방정식과 분수에 너무 친숙해서 이것이 별로 이상해 보이지 않을지도 모르겠다. 하지만 2차 방정식으로 가 보면 이 문제가 더 분명하게 보인다.

$2x^2-4x-7=0$에서 x의 값은 $1+\frac{3}{2}\sqrt{2}$와 $1-\frac{3}{2}\sqrt{2}$이다. 2차 방정식에 무리수는커녕 분수도 없는데, 답에 무리수가 나오는 것이다.

때로는 허수가 나오기도 한다. 예를 들어 $x^2+x+1=0$에서 x는 $\frac{-1\pm\sqrt{3}i}{2}$이다.

수학 시간에 공부할 때는 그냥 그러려니 했겠지만, 잘 생각해 보면 예상하기 어려운 일이다.

왜 같은 숫자들의 결합에서 계산의 방향이 바뀌면, 새로운 숫자들이 쏟아지는가?

곰곰이 생각하면 신기하다.

정리해 보자

우리는 문제 자체에서 해답을 찾아내는 사고방식에서 출발했다. 그리곤 2차 방정식의 예에서 그런 수학적 사고방식을 살펴보았다.

방정식?

우리가 잘 아는 것 같지만, 사실 의외로 생각해 보지 못한 측면이 많은 이야깃거리라는 것을 발견했다.

하지만 걱정이다.

♣ 수학 선생님을 위한 황금률

진실만을 말하라.

하지만 진실이라고 해서 모든 것을 말하지는 말라.

내가 촌철살인이라 느낀 수학 유머이다. 이 유머가 주는 교훈을 받아들이자.

방정식에 대해서 설명할 것이 정말 많지만, 여기서 모두 말하지는 않겠다. 모든 진실을 한꺼번에 말하면 어려울 테니까.

방정식뿐만 아니라 수학의 모든 것에 대해서 그러하다.

다시 이야기를 실재하는 마술 램프를 찾는 쪽으로 돌리겠다.

수학적 사고방식에 대해 더 알아보자.

3장

규칙성을 찾아라

문제를 영리하게 푸는 법

수학은 문제 안에서 답을 찾아낸다.

멋지다.

그런데 구체적으로 어떻게 그럴 수 있을까?

이것을 살펴볼 텐데, 쉽게 이해하기 위해 간단한 숫자 퀴즈를 먼저 풀어 보자.

〈숫자 퀴즈〉

그림의 식에서 A, D, E는 모두 0~9까지의 어떤 숫자를 나타낸다.

그렇다면 A, D, E는 각각 어떤 숫자일까?

$$\begin{array}{r} EA \\ +\ ED \\ \hline ADA \end{array}$$

이 퀴즈를 푸는 두 가지 방법이 있다. 하나는 맹목적으로 푸는 것이고, 다른 하나는 영리하게 푸는 것이다.

맹목적인 풀이 방법이란?

각각의 문자에 이런저런 숫자들을 아무렇게나 넣어 본다. 예를 들어 E에 1을 넣어 보고, A에는 2를 넣어 보는 식이다. 안 되면 또 3과 4를 거기에 넣어 본다. 언젠가 답은 나오게 될 것이다. 이런 방법을 속된 말로 '삽질'이라고도 부른다.

영리한 풀이 방법이란?

문제를 풀기 전에 문제의 특징을 살펴본다. 그리고 생각한다. 그러다 0~9까지의 어떤 수를 두 개 더하더라도 그 합은 18을 넘지 못한다는 것을 찾으면 문제가 갑자기 쉬워진다.

두 수를 더했을 때 $9+9=18$이 최대이다. 다른 경우는 모두 이보다 작다. 결론적으로, 어쨌든 20을 넘지 못하는 것이다.

따라서 맨 밑의 A는 이러나저러나 1이 된다. A가 0은 아니다. 0이라면 A 자체를 쓰지 않았을 테니까.

이제 모든 A에 1을 넣어 보자. (아래의 색 칸은 1을 찾아내는 곳)

$$\begin{array}{r} E\ 1 \\ +\quad E\ D \\ \hline 1\ D\ 1 \end{array}$$

그러면 D가 0이라는 것을 알 수 있다. (아래 색 칸은 0을 찾아내는 곳)

$$\begin{array}{r} E\ 1 \\ +\quad E\ 0 \\ \hline 1\ 0\ 1 \end{array}$$

곧 E가 5라는 것도 알 수 있다.

$$\begin{array}{r} 5\ 1 \\ +\quad 5\ 0 \\ \hline 1\ 0\ 1 \end{array}$$

이 '영리한 풀이 방법'이 수학적 사고방식이다. 그리고 문제 안에서 답을 찾아내는 구체적인 방법을 보여준다. 그 방법은 문제 안에서 규칙성을 찾는 것이다.

강조하자면 규칙성이 해결의 단서다. 이 규칙성을 '패턴'이라고도 부른다. (수학자들의 용어를 따라 '패턴=규칙성'이라는 뜻으로 두 말을 쓰겠다.)

2차 방정식을 풀기 위해서 근과 계수의 관계를 찾아낼 때도 규칙성을 발견했다. 그것은 $x^2 - ax + b = 0$는 $(x - \alpha)(x - \beta) = 0$의 식이 된다는 패턴이다.

이것이 문제에 씌어 있지는 않다. 하지만 문제 안에 있다. 숫자 퀴즈에 "한 자리 수를 두 개 더하면 20보다 반드시 작다."라는 말이 씌어 있지 않지만, 문제 안에 있는 것과 같다.

이렇게 문제 안에 '숨어 있는' 패턴을 찾아낸다.

이것이 문제 안에서 답을 찾아내는 수학의 사고법이다.

❙ 쾨니히스베르크의 다리 문제

숫자 퀴즈가 수학적 사고방식을 간단하고 쉽게 보여주지만, 숫자 퀴즈 자체는 수학의 문제가 아니다.

그래서 이번에는 실제로 뛰어난 수학자가 진짜 수학적으로 문제를 해결한 경우를 살펴보자.

쾨니히스베르크의 다리 문제가 그거다.

수학을 공부한 적이 있는 많은 사람들이 이 문제를 알 것이다. 이 문제를 최초로 제기한 사람은 스위스의 수학자 레온하르트 오일러(Leonhard Paul Euler, 1707~1783)이다.

그렇다, 세상에서 가장 아름다운 수학 공식으로 뽑혔다는 오일러 공식($e^{i\pi}+1=0$)을 발견한 그 수학자다.

오일러는 러시아의 쾨니히스베르크Königsberg라는 도시의 프레겔Pregel 강에 있는 공원에서 산책을 즐기다가 이 문제를 생각하게 되었다. 공원에는 두 개의 섬과 일곱 개의 다리가 있었다.

문제를 질문으로 표현하면 이렇다.

> 어디서든 마음대로 출발하되, 이 다리를 오직 한 번씩만 지나가면서 모든 다리를 지나가려면 어떻게 해야 할까?

이 문제를 풀어 보려고 많은 사람들이 다리를 이렇게 지나가 보고 저렇게도 지나가 보았다. 하지만 쉽게 답을 낼 수 없었다.

당연하게도 세기의 수학자 오일러 자신이 문제를 풀었는데, 문제를

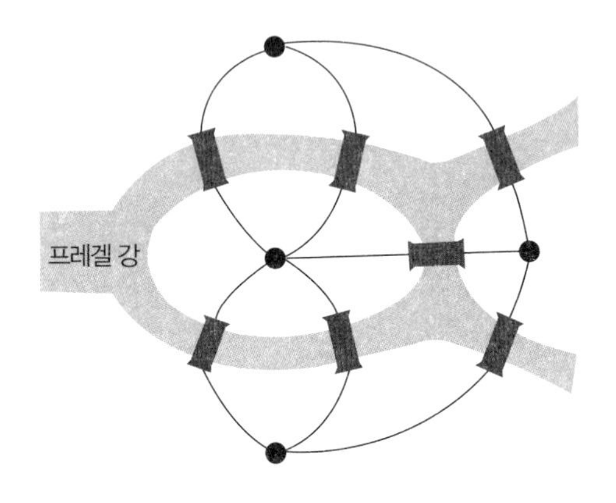

기하학적으로 표시된 7개 다리

해결한 그 방법이 수학 이해에 중요하다.

오일러는 다리를 하나의 선으로 생각하고 다리를 건너서 도달하는 땅덩어리를 점으로 생각했다. 그리하여 아래와 같은 단순한 그림을 그렸다.

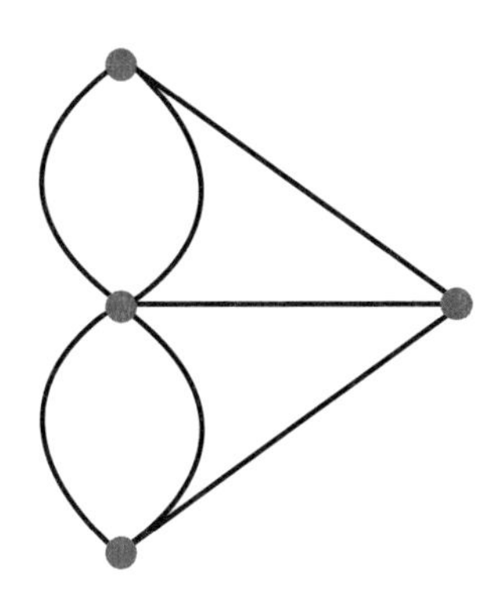

7개의 다리를 단순화한 그래프

그리고는 이 문제를 '한 붓 그리기' 문제로 파악했다. 이것은 종이에서 붓을 떼지 않고 위의 그래프를 그리는 문제라는 뜻이다.

그렇다면 이 그래프를 한 번에 그릴 수 있을까 없을까? 그리고 왜 그럴까?

오일러는 붓으로 그래프를 그릴 때 어떤 규칙이 뒤따르는지 살펴보았다.

문제를 풀기 전에 문제 안에서 규칙성을 찾는 것, 줄곧 보아온 수학적 사고이다.

한 번에 그래프를 그리려면 선들이 만나는 교차점으로 붓이 들어간 다음에 다시 나와야 한다. 그것은 그 교차점에 이어진 선이 2, 4, 6 …… 등의 짝수 개수임을 의미한다. 이해를 돕기 위해 점을 큰 동그라미로 그려 보자. (나만의 설명법이다.)

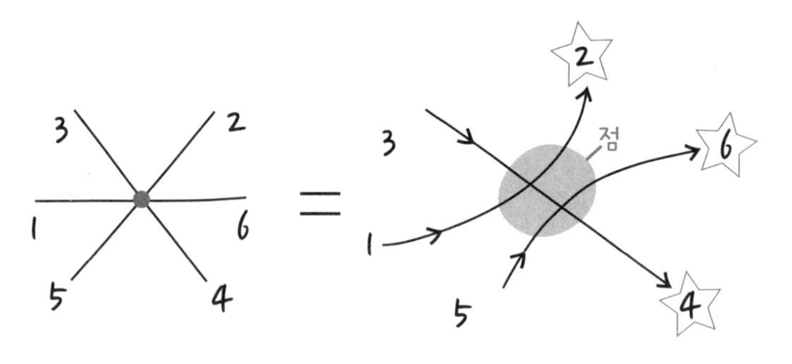

물론 한 번 나오거나 들어가기만 하는 점도 있을 수 있다.

그럴 때 그 교차점에서는 아래처럼 홀수 개의 선이 만날 것이고, 한 붓 그리기의 시작점이거나 끝점이어야 한다.

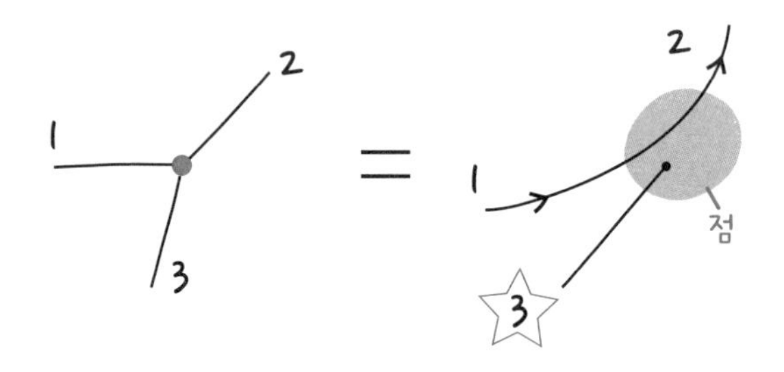

선이 짝수 개 연결된 교차점에서도 붓이 멈출 수 있다. 나갔다가 들어와서 멈추면 되니까. 하지만 거기서 멈추지 않을 수도 있다.

이런 내용을 종합하면?

선이 홀수 개 연결된 점이 특별함을 알 수 있다. 그런 점이 있다면 거기서 출발하거나 끝나야 한다. 멈추지 않고 지나갈 수는 없다.

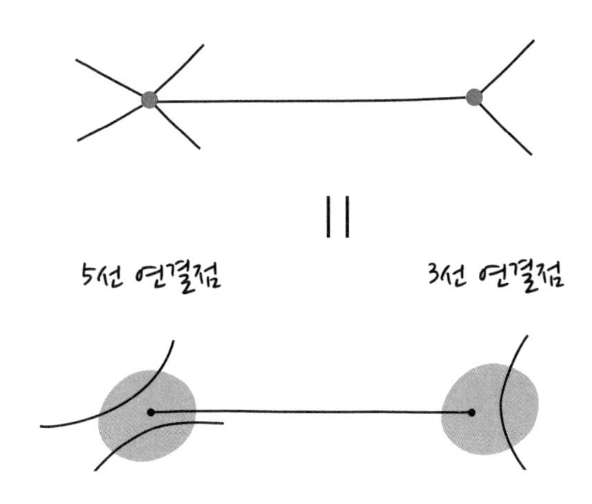

이렇게 문제 안에서 문제 해결을 위한 규칙을 발견했다. 숫자 퀴즈의 영리한 해결법에 있는 특징이다.

오일러의 최종 결론은?

한 붓 그리기를 할 수 있는 그래프라면 선이 홀수 개 만나는 교차점이 2개 이하여야 한다. 2개만 있거나 하나도 없거나.

그런데 쾨니히스베르크의 다리 문제를 그린 그래프에는 교차선이 홀수 개인 점이 4개가 있다. 한 붓 그리기가 불가능하다.

결론적으로 이 7개의 다리를 한 번씩만 지나서 모두 건너는 것은 불가능하다.

그렇다면 아래 도형은 어떨까? 홀수 교차점이 2개이므로 한 붓 그리기가 가능할 것이다. (한번 해보자.)

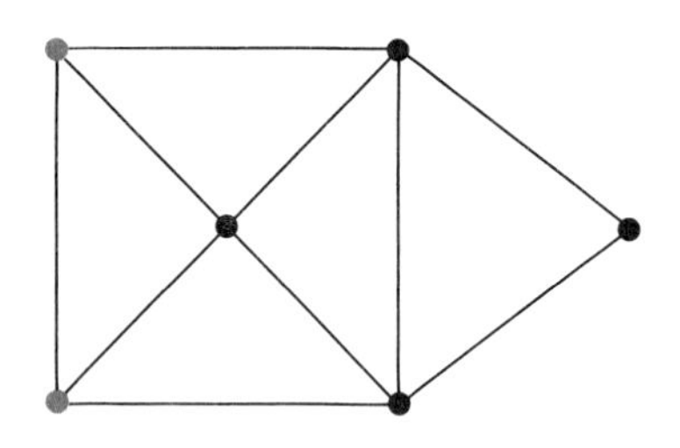

앞의 내용은 위상수학에 대한 설명에 자주 나온다.

위상수학? 현대 수학의 한 분야이다.

수학의 핵심은 규칙성에 있다

수학은 질문 안에 이미 있는 내용에서 답을 발견해 낸다.

문제를 들여다보고 그 안에서 해결책을 찾아내는 것이다.

이때 문제 안에서, 질문의 의미에 들어 있는 규칙성을 찾아내는 것이 중요하다.

숫자 퀴즈를 풀 때 이 생각이 답으로 가는 지름길이었다. 한 자리 수를 2개 더하면 반드시 20보다 작은 수가 된다는 것이 발견한 규칙이다.

그림으로 기억을 더듬어 보면 다음 단계에 해당한다.

$$\begin{array}{r} E\ 1 \\ +\quad E\ D \\ \hline 1\ D\ 1 \end{array}$$

오일러가 쾨니히스베르크의 다리 문제를 풀 때도 정확히 이것을 했다.

이 지점에서 저 지점으로 다리를 건너다닐 때 어떤 일이 일어나는가? 거기에 뒤따르는 규칙성을 찾아내는 것이다.

규칙성에 대한 학문, 이것이 수학 이해의 중심이다. 규칙성 탐구를 수학자들은 '패턴 인식'이라고도 부른다.

어떤 사람이 수학 천재라면 바로 이 점에서 뛰어나야 한다. 숫자 계산에 뛰어난 것만으로는 안 된다.

내가 중학교 2학년 때의 일이다. 선생님들이 전교생을 강당에 모으셨다. 한 강의를 듣기 위해서였다.

어떤 박사님이 강단에 올라와서는 자신이 평생 연구한 계산법을 설명하셨다. 그것은 놀라운 것이었다.

예를 들어, 이런 사칙연산을 1초 내에 해버리는 식이었다.

$7260 \times 7430 = 53941800$

$246024 \div 68 = 3618$, 나머지 없음

정말 컴퓨터보다도 더 빠르게 계산했다. 컴퓨터를 쓴다면 컴퓨터에 숫자를 입력하는 시간이 필요할 것이다. 박사님은 그 입력 시간에 암산을 끝냈다.

강의를 듣고 우리는 그 계산법에 대한 책도 한 권씩 선물 받았다.

그렇지만 박사님은 수학 천재로서 수학계에 이름을 날리지 못했다. 나는 한동안 그 이유가 궁금했다. 지금은 그 이유를 알고 있다. 숫자 계산 기술이 수학의 본질은 아니기 때문이다.

빠른 계산 기술이 쓸모없다는 말은 결코 아니다. 빠르고 정확한 사칙연산 기술은 언제 어디서나 쓸모 있다. 다만 순수 수학 혹은 현대 수학과는 크게 관련이 없다.

그럼에도 우리의 머릿속에는 재빠른 숫자 계산이 수학 천재의 모습이라는 잘못된 선입견이 있다.

영화 〈어메이징 메리〉(2017)는 이런 선입견을 이용한다.

주인공인 어린 소녀가 초등학교에 입학한다. 그리고는 수학 선생님이 던지는 산수 계산 문제를 암산으로 순식간에 답한다. 메리가 수학 천재라는 것을 보여주는 방식이다.

이건 진짜 수학 천재가 아니다. 진짜 수학 천재의 모습은 다르다.

널리 알려진 수학 천재 가우스(Johann Carl Friedrich Gauss, 1777~1855)의 어린 시절을 보자. 당시는 1787년, 가우스가 초등학교 4학년 때였다. 수업 중에 담임 선생님이 아이들에게 과제를 내주었다.

"자, 여러분. 지금부터 1부터 100까지 더해서 얼마가 나오는지 계산해 보세요."

초등학교 4학년생이 이런 계산을 하는 데는 시간이 꽤 걸릴 것이다. 최소한 1시간 정도. 검산도 해야 할 것이다.

그런데 10초도 지나지 않아서 소년 가우스가 대답했다.

"5050이요."

정답이었다.

"어떻게 금방 5050이라고 계산했지?"

선생님의 이 질문에 대해 10살짜리 가우스가 하는 말,

"1과 100을 더하면 101이잖아요. 그리고 2와 99를 더해도 101, 그렇게 쭉 다 더하면 101이 100개가 나와요. 그런데 이 계산에서 1부터 100까지를 두 번 더했으니까, 반으로 나눠야 해요. 그렇게 10100을 2로 나누면 5050이 나오죠."

가우스가 자신의 천재성을 학교에서 처음으로 입증하는 순간이었다.

진짜 수학 천재란?

가우스 이야기는 많이 알려져서 자주 듣게 된다.

어떤 사람들은 이 이야기에서 가우스의 인생을 설명하고, 또 다른

사람은 가우스가 계산한 방법을 설명한다.

하지만 사람들은 가우스의 일화 속에서 수학의 본질에 대한 이야기는 잘 하지 않는 것 같다. 그것은 규칙성의 발견이다.

수학 천재 가우스가 생각한 것을 그림으로 표시해 보자.

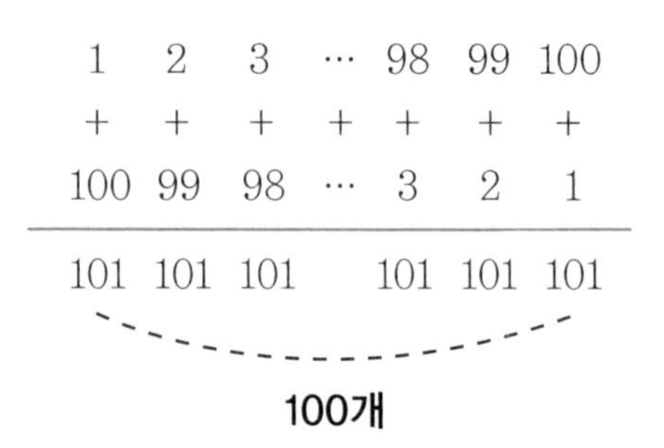

이 그림에서 보듯이 1부터 100까지의 수를 나열하고, 그 밑에 거꾸로 한 번 더 나열하자.

그것을 더하면 101이 100개 생긴다. 모두 합하면(즉, 곱하면) 10100이다. 이것은 1부터 100까지를 두 번 더한 것이다. 그러니까 100의 반인 50개를 곱하면 되겠다. 따라서 $101 \times 50 = 5050$.

어떻게 이 기발한 계산법을 생각해낼 수 있었을까? 답은 규칙성에 있다.

계산하려는 숫자가 1, 2, 3……, 이렇게 규칙적으로 커진다. 규칙성을 발견했으면, 그 많은 반복 계산을 건너뛰고 한 번에 답을 찾는 방법을 찾을 수 있다.

달리 말해 보자. 가우스의 이야기에서 우리는 무엇을 배울 수 있을까? 세 수준의 교훈을 생각할 수 있다.

수준 1 : 1부터 100까지 더하는 방법만을 배운다.

수준 2 : 등차수열의 합을 구하는 방법을 배운다.

수준 3 : 규칙적으로 변하는 수들을 합산하는 모든 방법을 배운다.

첫째는 1부터 100까지, 혹은 200이나 300까지 계산하는 편리한 방법을 배우는 것이다.

이 정도는 누구나 생각할 수 있을 것이다. 대신에 그렇게 많이 배우는 것 같지는 않다. 이것은 좋은 생각에서 그 껍데기만 얻는 것이다.

둘째는 1씩 커지는 경우뿐만 아니라 2씩, 혹은 3씩 커지는 경우 등의 방법을 모두 얻는 것이다. 예를 들면 다음과 같은 경우도 우리는 가우스처럼 계산할 수 있다.

$$2+5+8+11+ \cdots\cdots \quad +35$$

이 계산은 첫 번째 수가 2이고, 3씩 커지는 수이다. 그리고 잘 세어보면, 전체가 12개의 수라는 것을 알 수 있다. 그러면 2+35=37인데, 이것이 12개의 반, 즉 6개 있는 셈이다. 37×6=222가 된다.

이것은 일반적인 등차수열의 합을 구하는 방식이다.

등차수열等差數列에서 '등等'은 같다는 뜻이고, '차差'는 두 숫자의 차이를 말한다. 차이가 같은 방식으로 숫자가 나열되었다는 말이다.

이 내용은 고등학교 교과서에서 배운다.

근본적인 교훈

셋째는 더 심오한 교훈을 얻는 것이다. 다음과 같이 생각하는 것.

> 어떤 수든 규칙적으로 변한다면 그것을 모두 합하는 간단한 계산 방법을 찾을 수 있다.

그래서 다음과 같은 경우에도 모두 한 번에 계산하는 방법을 각각 찾을 수 있다.

(가) 3, 9, 27 …… 10460353203

(나) 1, 3, 7, 13, 21 …… 91

(가)는 3씩 커지는 것(+3)이 아니라, 3배씩 커진다(×3).

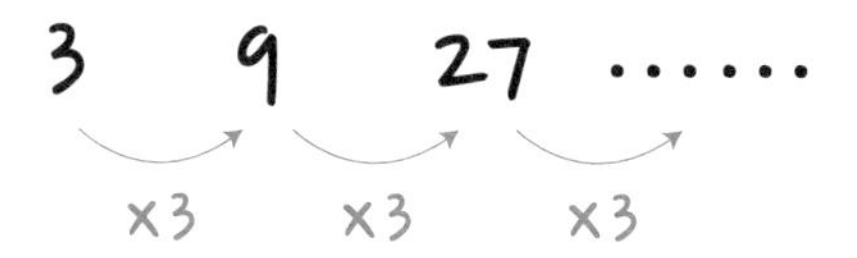

이것을 '등비수열'이라 부른다.

역시 '등等'이란 같다는 뜻이고, '차'라는 글자 대신에 비율을 뜻하는 '비比'라는 글자를 쓴다.

(나)는 처음에는 2가 커졌고, 다음에는 4, 그다음에는 6이 커지는 수열이다.

두 수의 차이 자체가 2씩 늘어난다.

1 3 7 13 21

+2 +4 +6 +8

이런 수열을 "계차수열"이라 부른다. 수의 차이(차差) 자체가 단계적으로(계階) 커지는 수열이라는 뜻이다.

이 과정이 고등학교 교과서의 수열 단원에서 나타난다.

수학 시간에 이 내용을 배우면 쉽지 않을 것이다. 난데없이 새로운 기호 시그마(Σ)가 나타나고, 다소 복잡한 계산 방법들도 나온다. (여기서 그 계산법을 설명하지는 않겠다.)

하지만 한발 물러서서 그 내용의 전체적인 윤곽을 파악하자면 숫자 계산의 규칙성을 배우는 것일 뿐이다.

만약 여러분이 등비수열의 합이나 계차수열의 합을 공부해야 하는 학생이라면? 시험을 쳐야 한다는 스트레스에 짓눌려 공부를 하면 괴로울 것이다. 하지만 반대로 생각해 보자.

앞에서 본 (가) 3, 9, 27 …… 10,460,353,203과 같이 일정한 비율로 달라지는 숫자들(등비수열)의 합을 구하는 방법은 무엇일까?

혼자서 가우스 흉내를 내보자.

이리저리 생각해 본다. 쉽게 방법을 찾기 어렵다. 교과서를 들여다보면 기발한 방법을 쓰고 있다는 것을 알 수 있다. 알고 나면 간단하지만, 이것마저도 등차수열의 합을 구했던 가우스 방식에서는 상상도 하기 어려운 방법이다.

계차수열은 어떤가?

등차수열의 합들의 합을 구하는 방식을 쓴다.

역시 생각해 내기 어려운 방법이다. 하지만 계차수열이 무엇을 의미하는지 생각하고 그 숫자들의 합을 구하려 한다면, 거기서 나올 만한 당연한 계산법이다.

우리도 가우스처럼 뭔가 천재적인 생각을 해내려 했다가 실패하는 셈이다. 하지만 분명히 얻은 것이 있다. 가우스의 생각, 더 나아가서 수학자들의 생각을 조금이나마 이해했다.

거기에서 나온 수학의 내용도 이해할 수 있을 것이다.

수학의 핵심은 규칙성(패턴)에 있다.

수학이 재미있다면, 그 진짜 재미도 여기에 있다.

마음을 비워야 보인다

쉬운 수학 퀴즈를 하나 풀어 보자.

간단한 난센스 퀴즈같이 보일지 모르지만, 매우 수학적인 문제이다.

〈수학 퀴즈〉

다음에서 ??? 자리에 올 숫자는?

5 + 3 = 28

6 + 2 = 48

8 + 6 = 214

9 + 1 = 810

5 + 4 = 19

7 + 3 = ???

이 문제의 핵심은 무엇인가? 그것은 두 숫자를 '+'로 연결하는 규칙을 찾아내는 것이다.

처음 부딪히는 생각.

"5 + 3 = 8이다. 하지만 여기는 28이라고 되어 있군. 뭐지?"

그다음 수식에서도 마찬가지다.

"6 + 2 = 8이다. 그런데 여기서는 48이네."

이쯤에서 우리 모두는 올바른 생각을 하기 시작한다. 세 번째 줄을 읽을 때쯤부터 문제의 핵심이 무의식적으로 파악된다.

더하기 기호(+)가 정말 더하기를 의미하는 것이 아니다. 그것이 의미하는 진짜 규칙을 찾아야 한다.

우리가 너무나 잘 아는 덧셈의 규칙이다. 이 점에서 마음을 비워야 한다.

그래서 패턴을 이리저리 찾아본다. 5와 3으로 어떻게 28이 만들어졌는지, 그리고 같은 방법으로 6과 2로 48이 만들어지는지도 생각하는 것이다.

앞의 숫자를 5배 하고 거기에 뒤의 숫자 3을 더하면 28이 나온다. 그런데 이런 방식으로는 6과 2로 48을 만들지는 못한다. 이리저리 상상력을 발휘해 보다가…(이 과정이 매우 길 수도 있다.) 아주 쉽게 생각해 본다.

그렇게 5에서 3을 빼서 2를 만들고 5에 3을 더해서 8을 만들어 2와 8을 그냥 나란히 놓으면 28이 나온다는 생각에 도달할 수 있다. (영영 이 생각에 스스로 도달하지 못하는 사람도 있을 것이다.)

그러고 나면 이 방법이 6과 2로 48을 만들고 5와 4로는 19를 만든다는 것을 알 수 있다. 마지막의 7과 3으로는, 7-3=4와 7+3=10으로 만든 410이 정답.

이 문제는 '난센스 퀴즈'로도 불릴 수 있다. 하지만 정확한 의미에서 수학적 사고방식을 포함한다. 또 이 점에서 제대로 된 수학 퀴즈라고 볼 수도 있다.

쉽지는 않다.

하지만 새로운 규칙을 찾으려 하면서 기존에 이미 아는 규칙에 계속 매달려 있을 수는 없다.

더 어려운 것이 있다. 기존의 규칙을 완전히 버린 것도 아니다.

두 수를 뺀 값은 앞에 놓고 더한 값은 뒤에 놓는다. — 여기에 우리가 이미 아는 빼기와 더하기도 일부 들어가 있다.

어디서 어디까지 우리의 마음을 비워야 하는지 가늠하기 어렵다.

이것이 수학을 이해하는 데에 매우 큰 어려움 중의 하나이다.

(예를 들어 군group의 개념은 더하기, 곱하기와 같은 사칙연산 이전의 기본 개념이라 볼 수 있다. 그런데 군을 이해할 때 간단한 사칙연산을 또 사용한다.)

하지만 하나씩 잘 짚어 보면 이해 못 할 바는 없다.

당장은 너무 어렵게 생각할 필요가 없다. 수학 퀴즈는 풀렸다. 수학적 상상력을 발휘해서 간단한 문제를 푼 것이다.

여기서 우리는 더하기 기호 '+'가 있고 그 의미를 알지만 그것이 다른 의미를 갖는다고 생각했다. 그 새로운 의미에 다다를 때 우리는 두 수로 하나의 수를 만들어내는 규칙을 찾는다.

이것이 수학이 하는 일이다. 규칙성을 찾는 일 말이다.

그래서 "수학은 무엇에 대한 학문인가?"라는 질문에 대해 오늘날 수학자들은 '패턴(규칙성)에 대한 과학'이라고 대답한다.

일단 이 정도만 잘 기억하자.

로그 발견의 의미

수학이 규칙성을 탐구한다는 것을 보여주는 한 경우를 더 살펴보자.

로그 계산법을 발견해서 알린 네이피어(John Napier, 1550~1617)가 주인공이다. 그는 1614년에 《로그의 놀라운 규칙에 대한 설명》이라는 소책자를 출판하여 로그 계산법을 알렸다.

그 발견 과정이 가우스의 등차수열 계산법만큼 극적이지는 않다. 다만 라플라스가 "작업량을 줄임으로써 천문학자의 수명을 두 배로 늘렸다."라는 말로 칭송했다. 그만큼 로그 계산법은 당시에도 유용했다.

우리는 고등학교 수학에서 로그의 기본 개념을 배운다.

핵심은?

> 1000×10000=10000000의 계산을 10의 3+4=7제곱(승)으로 생각하는 것.

간단히 말해, 숫자들의 계산(1000×10000)을 지수 계산(3+4)으로 바꾼 것이다.

생각은 간단한데, 이 아이디어를 계산법으로 만들면 조금 어렵다. 어떤 점이?

숫자들의 계산과 지수 계산을 연결시켜야 한다. 새로운 기호법이 필요하다. 교과서에서 배운 기호법이 현재로서는 가장 나은 방법이다.

그것을 보면,

[로그의 정의] $a^m = N \iff m = \log_a N$ (단 $a>0, a\neq 1, N>0$)

이해하면 좋은 표현이다. 하지만 금방 보면 너무 어렵다.

예를 가지고 생각해 보는 것이 더 쉽다. 수학 공부할 때는 항상 그래야 한다.

$$10^3 = 1000 \iff 3 = \log_{10} 1000$$

$10^3 = 1000$에서 3을 떼어내야 한다. 왜? 지수만 따로 떼어 그 계산법을 생각하려 하니까.

그런데 그 3이 어떤 3인가?

'10의 지수가 되어 1000을 만드는 수'로서의 3이다. $\log_{10} 1000$이 3의 '의미'인 셈이다. 그래서 $3 = \log_{10} 1000$이라고 쓴다.

log는 +, ×에 비해 낯선 기호이다. 낯설기 때문에 어려워 보인다.

하지만 알고 보면 단순하다. 그저 생각하는 것을 그대로 잘 적은 것일 뿐이다.

이것을 10의 제곱에만 적용하는 것이 아니라 모든 수의 제곱에도 적용하자. 이렇게.

$$3^4 = 81 \iff 4 = \log_3 81$$

그러면 1000×10000은,

10을 1000으로 만드는 지수(3)에 10을 10000으로 만드는 지수(4)를 더하는 것

으로 바뀐다. 이렇게,

$$\begin{aligned} & 1000 \times 10000 \\ \iff & \log_{10} 1000 + \log_{10} 10000 \\ \iff & 3 + 4 \end{aligned}$$

이 방법을 사용하면, 천 억 곱하기 백 조의 계산을 간단한 산수로 처리할 수 있다.

100,000,000,000×100,000,000,000,000

이 계산을 11+14로 대신하는 것이다.

만약 로그를 모른다면? 숫자에서 0의 개수를 세는 것만으로도 힘

든 일임이 틀림없다.

천문학자들의 수식에 이런 번잡한 계산이 자주 등장한다. 로그가 그들의 수명을 연장시켰다는 사실이 이해된다.

그렇다면 로그는 어려운 것이 아니다.

그런데 왜 수학 시간에 배우는 로그는 어려울까?

이 계산법을 10의 제곱에만 적용하는 것이 아니라 모든 수의 제곱에 적용하기 때문이다. 그리고 10의 지수와 다른 수(예를 들어 2나 3)의 지수가 서로 오가는 계산법까지 사용한다.

이것은 1부터 100까지 더한 가우스의 계산법에서 일반적인 수열의 합의 공식으로 나아가는 것과 같다. 어려울 만하다.

더 나가지 말고, 여기서 생각을 정리해 보자.

네이피어는 어떻게 수학을 발전시켰는가? 새로운 계산법을 찾아냈다. 그것은 숫자 계산의 새로운 규칙성이다.

이것이 수학의 본질이다. 규칙성에 대한 탐구.

나는 처음에 네이피어가 로그 계산법을 발견했다는 사실을 간단히 읽고, 별로 놀랍게 생각하지 않았었다.

"로그 계산? 조금만 생각해도 지수 계산에서 끌어낼 수 있지 않았을까?"

하지만 당시 수학자들 사이에서는 지수 법칙이 알려지지 않았다.

즉 $10^3 \times 10^4 = 10^{3+4} = 10^7$과 같은 규칙을 아무도 몰랐다. 그 상황에서 네이피어가 로그 계산법을 발견했던 것이다. 놀라운 발견이 아닐 수 없다.

지수 계산도 모르는 상태에서 어떻게 숫자 계산과 지수 계산의 규칙성을 발견할 수 있었을까?

네이피어의 방법을 보면, 그는 삼각함수와 선분의 길이 비율을 생각해서 로그 계산법 규칙을 찾아냈다. (로그는 '로가리듬logarithm'이라는 용어에서 나왔는데, 이 말은 비율의 수를 뜻한다.)

이쯤 되면 감탄이 나온다. 규칙성을 발견하는 대단한 통찰이 아닐 수 없다.

로그가 지수 계산과 밀접히 관련된다는 사실은 나중에 밝혀졌다.

수학의 규칙성은 특별하다

규칙성 탐구는 수학이 아닌 다른 분야에서도 한다.

너무 딱딱한 예보다는, 조금 유머러스한 예부터 보자.

♣ 직장의 인생 방정식

똑똑한 상사 + 똑똑한 부하직원 = 이윤(흑자)

똑똑한 상사 + 멍청한 부하직원 = 생산

멍청한 상사 + 똑똑한 부하직원 = 진급

멍청한 상사 + 멍청한 부하직원 = 연장 근무

♣ 남녀의 변화

여자는 결혼 후 남자가 변하길 바란다. 하지만 남자는 변하지 않는다.

남자는 결혼해도 여자가 변하지 않길 바란다. 하지만 여자는 변한다.

이 얘기들은 재미있지만, 단지 재미로만 끝내기 아까운 통찰을 보여준다.

'직장의 인생 방정식'을 보자. 이 유머는 직장 생활의 중요한 패턴을 말해준다. '남녀의 변화'라는 유머도 마찬가지다.

그러고 보면 다른 분야, 특히 과학이 중요한 패턴들을 알려준다. 예를 들어 경제학에서는 수요와 공급에 의해 가격이 결정된다는 규칙성을 알려준다. 경제 현상의 패턴이다.

음악에서는 어떤 음들이 서로 어울려서 듣기 좋은 소리가 나는지에 대한 패턴을 가르쳐준다. 화음에 대한 이론이다. 이것 역시 규칙성이다.

이렇게 보면 수학에서도 규칙성을 탐구한다는 것이 별로 특별하지 않아 보인다.

하지만 수학이 발견하는 규칙성에는 두 가지 특별한 점이 있다.

첫째는 이미 설명했다. 수학은 문제 안에 이미 숨어 있는 규칙성을 찾아낸다.

경제학에서 말하는 수요 공급 법칙은 그렇지 않다. "가격은 어떻게 결정될까?" — 이 질문 안에 수요와 공급 법칙이 숨어 있지는 않다. 영리한 사람이 질문만을 골똘히 생각해서 그 규칙성을 알아낼 수는 없다. 음악의 화음 이론도 그러하다. 질문 자체가 아니라 뭔가 더 경험하거나 조사해야 그 규칙성을 알 수 있다. 반면에 수학의 규칙성은 단지 '생각'만 함으로써 알아낼 수 있다.

둘째, 수학이 찾아내는 규칙성은 지식으로서 매우 강력하다.

'필연적'이라고 말하기도 한다.

수학은 단순한 숫자 계산이 아니다

수학은 정확한 값을 계산하는 기술로 자주 활용된다.

수학의 답은 한 점을 꿰뚫는 화살과 같다. 원한다면 얼마든지 정확한 값을 계산해 내는 방법을 찾을 수 있다.

하지만 그것 역시 수학의 핵심이 아니다. 정확성은 수학의 논리성의 한 부분으로 보는 것이 옳다. 이에 대한 인상적인 사례가 있다.

원주율의 정확한 값을 수학자들은 자주 계산했다. 두 사람이 있었다.

한 사람은 독일-네덜란드 수학자 루돌프 판 코일렌(Ludolph van

Ceulen, 1540~1610)이었다. 이 사람은 평생 동안 원주율 값을 소수점 아래 35자리까지 계산해 냈다. 덕분에 한때는 독일 교과서에서 원주율 파이를 '루돌프의 수'라고 부를 정도였다.

다른 사람은 프랑스 수학자 비에트(Françis Viète, 1540~1603)였다. 이 사람은 파이의 값을 계산하는 다음과 같은 공식을 발견했다.

$$\frac{2}{\pi} = \frac{\sqrt{2}}{2} \cdot \frac{\sqrt{2+\sqrt{2}}}{2} \cdot \frac{\sqrt{2+\sqrt{2+\sqrt{2}}}}{2} \cdots$$

당장 누가 더 정확한 원주율을 구했는가? 루돌프의 승리였다. 하지만 컴퓨터가 발전한 오늘날에는 이런 결과가 무의미해진다.

오늘날에는 비에트의 공식이 더욱 쓸모가 있다. 비에트의 공식은 무한 과정을 수학 공식으로 명확하게 쓴 최초의 것이었다. 컴퓨터를 사용하면 저 공식으로 원주율의 값을 소수점 아래 35자리까지 순식간에 계산해 낸다.

이렇게 새로운 공식을 찾아내는 것이 더 중요하다. 공식은 패턴 혹은 규칙성을 알려준다. 그것은 계산법이기도 하다. 이런 것들을 찾는 게 수학의 일이다.

이것을 오해하면 수학 발전의 역사도 오해할 수 있다.

4천 년 전 바빌로니아인들은 파이의 값으로 $3\frac{1}{8}$이라는 근삿값을 알아냈다. 이집트인들은 $\pi = 4 \times \left(\frac{8}{9}\right)^2$의 값을 알아냈다. 130년경 중국의 책 《후한서》에서는 $\pi = 3.1622$를 사용했고 264년 중국인은 아르키메데스와 비슷한 방법으로 3.14159라는 값을 계산했다. 고대 인도인은 피타고라스가 태어나기 오래전에 피타고라스 정리를 이미 알고 있었다. 499년에 저술한 《아리아바티아》에서 파이 값을 3.1416이라고 계산했다.

혹시 감탄이 나오는가?

"와, 옛날에는 중국과 인도의 수학이 서양보다 엄청나게 앞섰구나!"

틀렸다. 이 모두가 현대 수학에서는 별로 큰 의미가 없다.

감탄의 대상은 계산의 성과일 뿐, 수학적인 사고력에 대한 것은 아니다. 수학이 발달했다면, 원주율 계산법을 이용해서 다른 문제들도 해결하는 법을 알고 있어야 했다.

당시에도 파이 값 계산은 순전히 산수 능력과 인내력의 문제였다.

수학은 단순한 숫자 계산이 아니다.

신의 언어, 수학

앞에서 언급한 수학적 규칙의 두 번째 특징을 생각해 보자.

필연성.

수학자와 철학자들이 이 용어를 쓴다. 나도 여기서 똑같이 쓸 것이다.

수학의 규칙성은 예외 없이 옳고 반드시 참이다. 필연성이란 이것을 뜻한다.

이 말의 실제적인 뜻은, 표현이 주는 온건한 느낌보다 훨씬 강력하다.

필연적인 수학의 규칙성, 이것은 결코 예외가 없어서 틀리지 않음을 의미한다. 그래서 절대적으로 신뢰할 수 있고 영원불변하다.

'직장의 인생 방정식'을 보자. 똑똑한 상사와 똑똑한 부하직원이 만난다면 회사는 흑자를 낼 것이다. 그럴 만하다. 하지만 때로는 참이 아닐 수도 있다.

유머이기 때문에 예외가 있는 것으로 오해하면 안 된다. 과학 기술의 영역은 훨씬 신뢰할 만하지만 여기에도 예외는 항상 있다. 18세기에 영국에서 있었던 일을 보자.

토마스 뉴커먼Thomas Newcomen이라는 사람이 세계 최초로 실용적인 증기기관을 만들었다. (와트가 최초로 증기기관을 만든 것이 아니다.) 당시에 이것은 중요한 발명품이었기 때문에 글래스고 대학에서는 그 모형을 만들어 비치했다.

뉴커먼이 만든 증기기관을 정확한 비율로 축소했던 것이다. 재질은 모두 같게 하고 모든 것의 비율을 정확히 유지했다. 실물과 똑같이 작동하도록 말이다.

그런데 어느 날 이 모형을 작동시키니, 작동하지 않았다. 급히 원인을 조사했지만 알 수 없었다. 하는 수 없이 기계공인 제임스 와트에게 수리를 맡겼다. 제임스 와트는 여러 가지로 궁리한 끝에 원인을 알아냈다. 증기기관을 축소한 사실 자체에서 문제가 발생한 것이었다.

구체적으로 말하자면 뉴커먼이 만든 증기기관은 뜨거운 증기를 실린더에 넣어 피스톤을 밀어 올린 후, 냉수를 실린더에 뿌려서 냉각시키는 메커니즘이었다.

냉수가 실린더 바깥 표면에 뿌려져서 냉각시키는 능력은 크기에 상관없이 일정하다. 그런데 증기기관을 축소하면 수학적 계산에 따라 표면은 축소 비율의 제곱에 비례해서 작아지고, 실린더의 부피는 축소 비율의 세제곱에 비례해서 작아진다.

이에 따라 정확한 비율로 축소된 증기기관은 실린더 표면의 냉각 능력에 비해 내부의 부피가 지나치게 작아졌다. 그래서 냉수에 의해 냉각이 너무 많이 되고 증기까지 식어서 기관의 작동이 멈추게 된 것이다.

결국 여기서 발견한 문제를 개량해 제임스 와트가 새로운 증기기관을 만들었다. (이 개량된 기관이 더 유명해져서 제임스 와트가 증기기관의 발명자로 오해된다.)

진지하게 생각해 보자.

잘 작동하는 어떤 기계를 정교하게 축소했다. 축소된 기계가 잘 작동할까?

잘 작동할 것이 명백하다. 그건 마치 맛있는 빵을 작게 만들어도 그 빵은 맛이 똑같은 것과 같다. 글래스고 대학의 과학자들이 증기기관

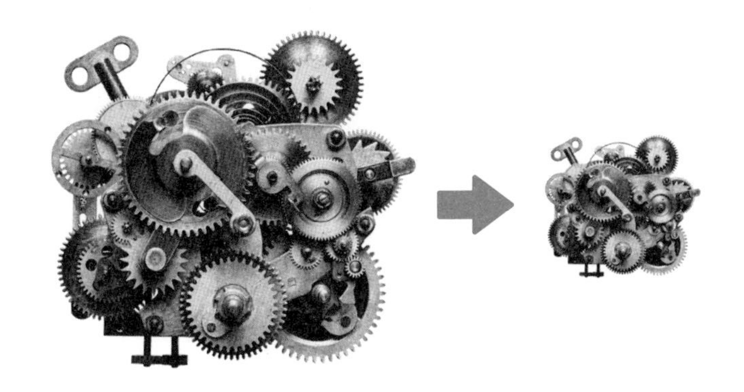

정교하게 축소된 이 태엽은 제대로 작동할까?

을 축소한 까닭도 이런 합리적 판단 때문이었다.

하지만 뉴커먼의 증기기관이 알려주듯이 실제로는 틀릴 수 있다. 절대 진리가 아닌 것이다.

많은 사람들이 과학적 지식을 매우 신뢰한다. 또 그래야만 한다. 의사(과학자)들의 권고에 따라 전염병에 대한 백신은 맞아야 하고 기상학자들이 말하듯이 다가오는 기후 변화에 대응해야 한다. 그것이 합리적이다.

하지만 "절대로 신뢰할 수 있는가?"라고 묻는다면 대답은 '아니오'이다.

과학의 지식은 불완전하다. 물론 예외가 있다. 그 내용이 개선되므로 과학의 지식은 지속적으로 달라진다.

과학자들은 뉴턴의 만유인력 법칙이 절대 진리라고 믿었던 적이 있었다. 하지만 상대성 이론과 양자역학 등이 발전한 지금은 뉴턴의 만유인력 법칙이 근사적近似的으로만 진리라고 믿고 있다. 정확하게 옳은 것은 아니라는 말이다.

양자역학에서도 다르지 않다.

19세기(1800년대) 초에는 돌턴John dalton이 제안한 원자론이 정설이었다. 그러나 100년도 되지 않아 전자가 발견되었고, 곧 원자의 중심부에 양성자와 중성자가 있다는 것이 물리학의 지식이 되었다.

그 후 다시 파이온pion과 뮤온muon 등의 소립자들이 발견되었고 1932년에는 반물질의 존재, 1960년대에는 쿼크quark 개념이 탄생했다. 끊임없이 기존의 지식이 틀린 게 되었던 것이다. 절대 신뢰할 수 있는 영원불변의 지식은 거기에 없다.

하지만 수학에는 있다. 예외 없는 법칙이란 말이다. 예를 들어 피타고라스 정리는 2천 년 동안 조금도 변하지 않았고 지금도 옳으며 앞으로도 영원히 옳을 것이다. 절대 법칙이다.

하나만 있는 것이 아니다. 수학은 처음부터 끝까지 예외 없는 법칙으로 가득 차 있다. 쾨니히스베르크의 다리 문제에서 오일러가 찾아낸 한 붓 그리기의 법칙도 지금 그대로의 의미로 영원히 옳을 것이다. 학교에서 배운 2차 방정식의 풀이 공식도 그러하다. 계산법이 틀리는 경우가 아니라, 계산 값에 0.001 정도의 오차가 생기는 일도 있을 수 없다.

이런 수학은 필연적인 법칙, 절대적으로 신뢰할 수 있다.

그래서 사람들은 수학을 '신의 언어'라고 표현했다.

> 신의 철학은 우주라는 거대한 책에 쓰여 있다. 그러나 우리가 이 책의 언어를 먼저 배우지 않으면 그의 뜻이 뭔지 알 수 없을 것이다. 그 언어는 수학이다.

갈릴레오 갈릴레이의 말이다.
아이작 뉴턴(Isaac Newton, 1643~1727)도 비슷하게 말했다.

> 신은 만물을 수로써, 즉 무게와 크기로써 만들었다.

신의 언어! 재미있지 않은가.

4장

증명하는 수학

귀퉁이가 잘려 나간 체스판

수학을 신의 언어가 되게 하는 필연성은 어떻게 생겨나는가? 수학의 증명을 통해 생겨난다.

수학의 증명에 어떤 특징이 있기에 그럴까?

이 점을 살펴보기 위해 '귀퉁이가 잘려 나간 체스판' 문제를 보자. (간단히 '체스판 문제'라고 부르겠다.) 매우 간단하지만 정확히 수학적인 특징을 가진 사례이다.

오른쪽 그림처럼 귀퉁이가 잘려 나간 체스판이 하나 있다.

이 체스판에는 모두 62개의 흑백 사각형이 그려져 있다. 또한 그림의 오른쪽 밑에는 체스판의 사각형을 2개 덮을 수 있는 '도미노' 조각

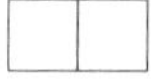

체스판 도미노

이 있다. 이 체스판을 모두 덮기 위해서는 도미노 조각이 31개가 필요할 것이다.

그렇다면 31개의 도미노로 어떻게 해야 체스판을 정확히 다 덮을 수 있을까?

이 문제를 해결하기 위해서 우리는 도미노 조각 31개를 이렇게 맞춰 보고 저렇게 놓아 볼 수 있다. 그리고는 마지막에 아무리 해도 잘 안 된다는 경험을 하게 된다.

이때 수학적 사고방식으로 접근해 보자. 앞의 3장에서 숫자 퀴즈를 풀 때 보았던 것처럼.

문제를 잘 살펴보고는 그 안에 들어 있는 핵심을 끄집어내야 한다. 어떤 핵심? 체스판을 도미노 조각으로 덮는다는 것의 핵심 말이다. 그 핵심은 문제 안에 있는 규칙성이다.

어떤 규칙성을 찾을 수 있는가? 하나의 도미노 조각은 항상 검은 칸 하나와 흰 칸 하나를 같이 덮게 된다는 규칙성을 찾을 수 있다. 체스판 문제의 본질이 이것이다. (이것을 찾아내는 게 어렵기는 하다.)

이 규칙성을 간파하고 나면 문제는 쉽게 해결될 수 있다.

체스판을 보면 대각으로 마주 보는 두 귀퉁이에 있는 검은 사각형이 2개 잘려 나갔다. 그러니까 전체적으로 문제의 체스판에는 흰 칸이 검은 칸보다 2개 더 많다. 그렇다면, 도미노 조각들을 어떻게 배열하더라도 체스판의 사각형들을 깔끔하게 덮을 수는 없다. 왜냐하면 도미노 조각은 항상 검은 칸 하나와 흰 칸 하나를 덮게 되기 때문이다.

아무리 많은 도미노 조각을 동원하더라도 그 조각들이 한 번에 덮는 검은 칸과 흰 칸의 개수는 같아야 한다. 명백하다.

앞에서 본 쾨니히스베르크의 다리 문제에 대한 증명도 이와 같았다. 수학이다.

| 수학적 패턴의 핵심

수학의 증명 방식은 '연역'이라고 불린다.

연역에는 특별한 점이 있다. 그것은 동어반복이다. 같은 말을 반복하는 것. 그래서 결코 틀릴 수 없는 방식으로 생각하는 것.

멋진 사람은 멋지다.

맞으면 맞고, 틀리면 틀린 거다.

틀릴 수 없는 생각들이다. 이것이 동어반복이다.

체스판 문제를 증명한 방식을 보자.

증명의 핵심은? 도미노가 나란히 있는 두 개의 칸을 덮는다는 것이었다. 그런데 이것은 문제에 이미 있는 생각이다. 문제를 구성하는 체스판과 도미노를 보면 알 수 있다. 그래서 잘려 나간 체스판을 31개의 도미노로 꼭 맞게 덮을 수 없다는 것도 틀림없다. 왜? 나란한 두 개의 칸을 모두 덮을 수 없으니까. (동어반복) 체스판의 모양이 그것을 말해준다.

앞에서 2차 방정식 $x^2-5x+6=0$을 $(x-\alpha)(x-\beta)=0$ 같은 형식으로 바꿀 수 있다는 점을 보인 것 역시 동어반복이다.

동어반복의 증명을 수학의 중심에 놓은 것은 엄청난 사고의 혁명이었다. 이것을 2,500년 전의 그리스 사람들이 했고 유클리드가 완성했다.

유클리드는 대략 2,300년 전(기원전 300년경) 사람이다. 《기하학 원론 Elements》이라는 책을 썼다. 그 시기를 그림으로 나타내면 이렇다.

유클리드 기하학의 탄생

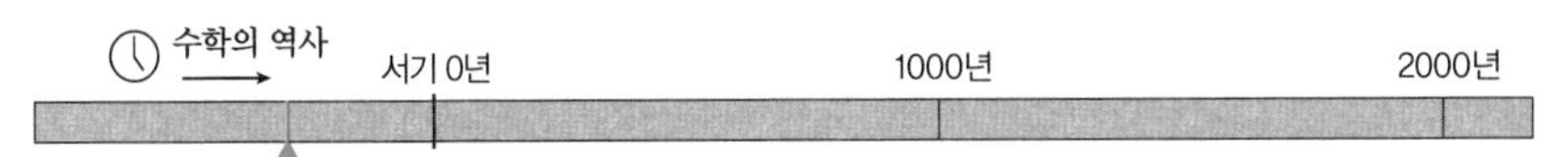

수학의 재미를 말하려면 이 책에 대한 설명을 빠뜨릴 수 없다. 현대적인 수학적 사고방식을 정립한 책이기 때문이다. 쉽게 말해, 그 이전과는 다른 수학이면서 현대에까지 이어지는 수학이 이때 만들어졌다.

이 사건 전체를 사람들은 '유클리드 기하학'이라 통칭한다.

유클리드 기하학의 내용은 어떤 것인가? 이것을 재미있게 설명하려면 선택을 해야 한다. 아예 자세하게 설명하든지, 아니면 핵심만 간단히 설명하든지.

나는 여기서 최대한 짧게 설명할 것이다.

유클리드는 5개의 공리에서 당시 수학자들이 증명해 낸 약 500여 개의 법칙(즉, 정리)을 연역해 내었다. 유클리드 자신이 어떤 중요한 증명을 새롭게 한 것이 아니다. 중요한 것은 적은 숫자의 공리들을 선택하고 이것들을 배열하여 제시하는 독특한 형식이다.

그 사고방식을 간단한 그림으로 보이자면 오른쪽과 같다.

이 그림이 말하는 유클리드 기하학의 특징은 다음의 셋이다.

(가) '공리'라 불리는 몇 개 안 되는 내용에서 출발한다.

(나) 엄밀한 동어반복의 형식으로 새로운 내용을 증명한다. 연역이다.

(다) 이렇게 얻어진 결과를 '정리'라 한다. 절대로 신뢰할 수 있다.

핵심은, 적은 수의 출발점에서 사고를 시작해 논리적으로 지식을

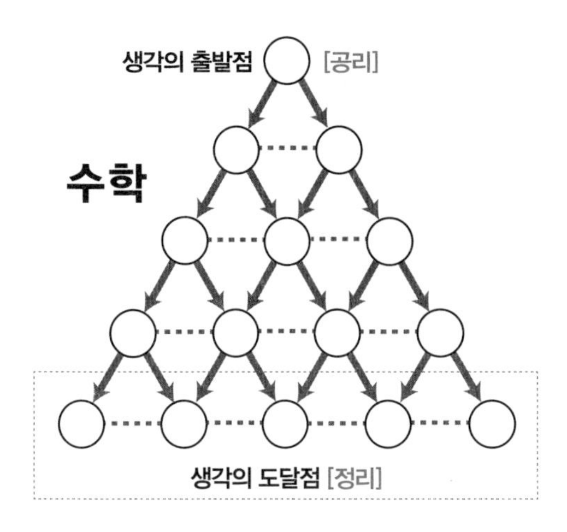

확장한다는 것이다. 유클리드는 5개의 공리에서 출발했지만 5개가 아니어도 괜찮다.

논리적으로 지식을 확장하는 가장 강력한 방법이 연역이다. 연역이 아닌 논리에는 귀납이 있다.

연역은 위 그림에서 각 동그라미들을 연결하는 화살표 선으로 표시되었다. 이 선들이 수학 전체를 하나의 거대한 패턴 혹은 법칙의 체계로 만든다.

왜 연역이라는 증명 방법이 중요한가? 모든 불확실성을 극복하고 틀림없이 옳기 때문이다.

우리는 '틀림없다'고 생각할 때 직접 보고 들은 것을 근거로 하는 경우가 많다. 하지만 우리가 두 눈으로 빤히 보는 것조차 틀릴 때가 자주 있다. 착시 효과가 대표적이다.

여기에 평행사변형을 가로지르는 두 개의 대각선이 있다. 왼쪽 대각선과 오른쪽 대각선 중 어느 것이 더 길까?

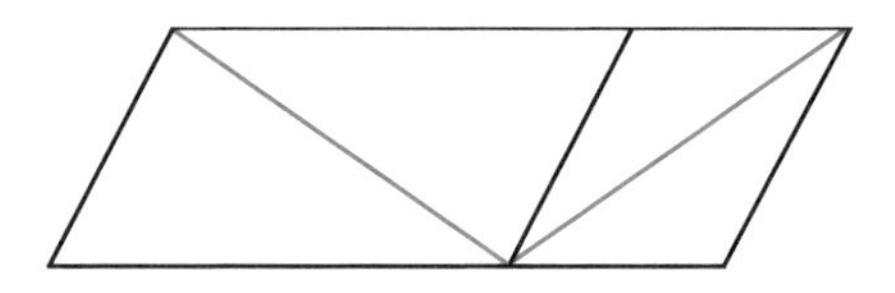

누가 봐도 답은 명백해 보인다. 왼쪽 대각선이 길어 보인다. 하지만 실제로는 두 대각선의 길이가 같다.

아래 그림처럼 도형을 돌려서 갖다 붙여보거나, 두 대각선을 자로 재보면 알 수 있다.

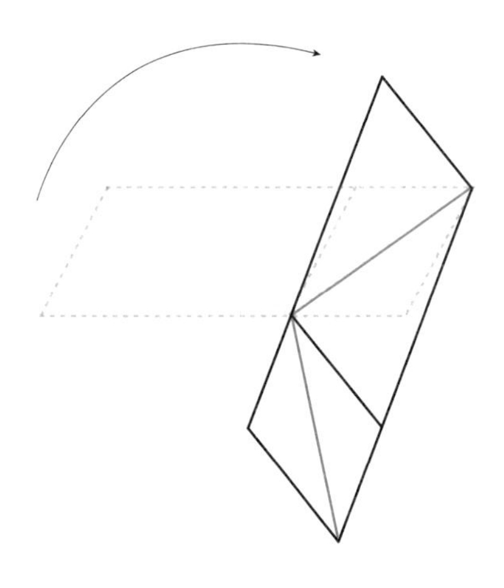

만약 이런 착각을 바탕으로 기계를 설계한다면 어떻게 될까? 심각한 문제가 생길 것이다. 증기기관의 크기를 축소했을 때처럼 작동하지 않는 정도가 아니라, 아예 기계가 폭발할지도 모른다.

어떻게 이런 실수를 막을 수 있을까? 현대 과학자들은 연역을 사용하는 수학적 증명을 선택했다.

동어반복의 변주, 삼단논법

수학적 증명의 핵심은 동어반복이고 그것을 여러 가지 내용에 적용하기 좋도록 펼친 것이 삼단논법이다. 간단하다.

그런데 수학의 증명을 살펴보면 내용이 매우 복잡해 보일 것이다. 왜 그럴까?

여기서 두 측면을 구분해야 한다. 핵심과 실제.

나무의 모양을 그린다고 해보자. 다음과 같이 두 가지 방식으로 그릴 수 있다.

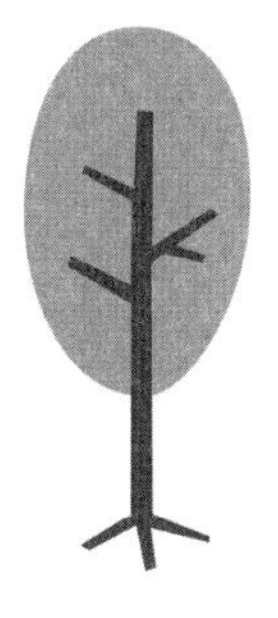

간단한 나무 그림

정밀 묘사한 나무 그림

간단한 나무 그림과 정밀 묘사의 그림은 매우 다르게 보일 수 있다. 하지만 우리는 안다. 간단한 나무 그림이 결코 잘못된 그림이 아니라는 것을 말이다.

간단한 그림의 모든 것은 정확하다. 가운데에 줄기가 있고 가지가 있으며 가지 주변에 잎이 달려 있다. 맨 밑에는 뿌리가 있다. 정밀 묘사로 나무를 그리는 사람들의 머릿속에도 이 생각이 들어 있다. 그것은 나무의 모양에 대한 핵심이다. 하지만 그것이 실제로 상세히 그려졌을 때 복잡하다.

동어반복이나 삼단논법(증명의 핵심)과 실제의 복잡한 수학 증명도 이와 같은 관계에 있다.

동어반복은 이해했으니 삼단논법을 보자.

삼단논법이란 다음과 같은 논리 규칙을 말한다.

[전제 1] P이다.

[전제 2] P이면 Q이다.

그러므로

[결론] Q이다.

여기서 P와 Q라는 문자는 (다시 강조하지만) 빈칸의 이름일 뿐이다.

따라서 이것의 의미는 이렇다.

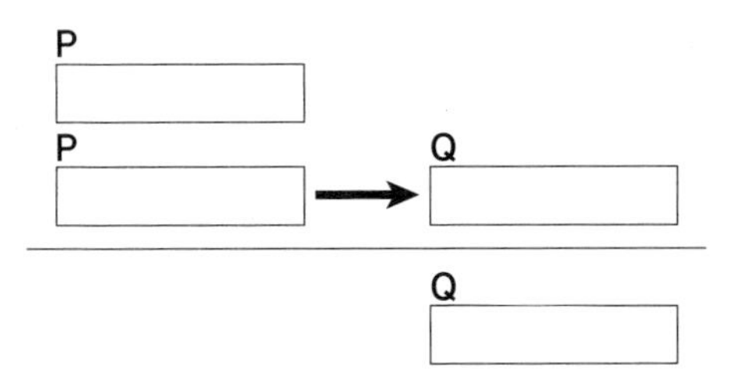

P와 Q라는 빈칸에 어떤 내용을 넣더라도 타당하게 된다. 다음과 같은 추론이 한 예이다.

[전제1] 배경 음악이 좋다.

[전제2] 배경 음악이 좋으면 영화가 흥행할 것이다.

그러므로

[결론] 영화가 흥행할 것이다.

이것이 왜 동어반복인가?

삼단논법을 잘못 이해하는 흔한 방식이 있다.

"배경 음악이 좋으면 영화가 흥행할 것이라고? 그 배경 음악이 뭔데? 배경 음악이 아무리 좋아도 영화는 흥행 못 할 수 있어. 감독이나 배우가 더 중요할 수도 있지 않을까?"

이것은 오해이다. 이때 따지고 있는 것은 'P이면 Q이다(P→Q)'가

정말 참인가 아닌가 하는 것이다. 그런데 삼단논법의 핵심은 다르다.

파깨비 : 배경 음악이 좋으면 영화가 흥행할 것이라고(P→Q)?
그게 왜 논리적이야?

오깨비 : 그게 아니야. 일단 배경 음악이 좋고(P), 또 배경 음악이 좋을 경우에 영화가 흥행한다고 해보자(P→Q). 그러면(이 두 전제가 옳다면) 영화가 흥행한다(Q)는 거야.
그것이 삼단논법이야.

파깨비 : 그게 삼단논법이라고? 그냥 그 말이 그 말 아냐?

파깨비의 마지막 말에 설명이 들어 있다.

삼단논법, 잘 이해하면 그 말이 그 말이다. 동어반복! 논리철학자 루트비히 비트겐슈타인(Ludwig Wittgenstein, 1889~1951) 역시 모든 수학은 동어반복이라고 말했다.

수학의 증명을 잘 이해하면 다음과 같은 점에서 재미가 있다.

첫째, 이런 뻔한 방식으로 도대체 무엇을 증명할 수 있을까 싶다.

둘째, 실상은 이것을 반복해서 엄청나게 풍부한 규칙들이 산출된다.

신기하지 않은가?

그리고 증명도 패턴이다. 가장 필연적인 패턴 혹은 규칙성.

삼단논법의 변주

삼단논법, 동어반복, 뻔한 생각!

이것을 반복함으로써 수학이라는 대단한 지식이 증명된다. 이 점을 살펴보자. 수학의 진짜 재미 중 하나다.

(정확히 말하면, 삼단논법만으로 수학의 모든 증명이 이루어지는 것은 아니다. 출발점인 공리가 있어야 한다. 하지만 삼단논법과 같이 단순한 몇 가지 논리 형식들을 반복해서 수학의 전체 증명이 이루어지는 점은 맞다.)

예를 들어 보면, 다음과 같은 논리 형식도 삼단논법의 반복이다.

사람은 동물이고, 동물은 생물이다. 그러면 사람은 생물이다.

$(A \rightarrow B) \rightarrow ((B \rightarrow C) \rightarrow (A \rightarrow C))$ 혹은

$((A \rightarrow B) \wedge (B \rightarrow C)) \rightarrow (A \rightarrow C)$

삼단논법이 반복되어 어떻게 이 명제가 생겨날까?

그 세부 과정을 잘 이해하면 재미있을 수 있지만, 대체로는 매우 따분하고 어렵기만 하다.

여기서는, 그 요지를 간단히만 말하겠다.

먼저 삼단논법의 P와 Q의 자리에 각각 A와 $A \rightarrow B$를 넣는다. 그러면 B가 나온다.

그다음에는 다시 B와 B→C를 넣는다. 그러면 C가 나온다.

그러니까, A→B와 B→C를 사용하면 A에서 C가 나온다. 즉 A→C라는 결론.

이것을 증명하는 방법은 기호들을 조작하는 것이다.

논리학의 빈칸(기호)들을 조작한다는 것은, 어떤 생각이든 들어갈 수 있는 사고방식을 정확한 규칙에 따라서 바꾸는 것이다.

구체적으로는 빈칸들을 반복적으로 결합해서 증명하려는 사고방식을 조립해 낸다. 이것을 실제로 해보는 것은 수학이나 논리학 전공자들의 몫이다.

우리는 가장 간단하면서도 중요한 증명법을 가지고 이것을 살펴보겠다. 바로 귀류법이다.

귀류법은 삼단논법의 변주 중에서 특별한 것이다.

먼저 귀류법이란? 증명하려는 것이 틀렸다고 가정하고, 거기서 모순을 끌어내어 증명하는 것이다. 하지만 금방 이해가 안 된다. 그게 증명이 된 건가?

이건 표현의 문제일 수 있다. 쉽게 표현하면 귀류법의 논리적 핵심은 다음과 같다.

어떤 것(P)이 틀렸다고 가정하면 그게 말이 안 된다(잘못이다). 그러니까 그건(P) 옳다.

틀렸다는 것이 말이 안 된다니, 그렇다면 옳을 수밖에 없다.

그 말이 그 말 아닌가.

이렇게 귀류법의 핵심도 동어반복이다.

이쯤에서, 동어반복으로 이어지는 유머 하나를 보며 잠깐 쉬어 가자.

♣ 신기한 증명

수학과 관련해서 세상에는 재미있는 이야기들이 많다. 재미있는 수학 증명도 있다. 물론 엄격한 의미에서는 증명이 아니지만.

그중 하나는 0이 무한대(∞)와 같다는 증명이다.

$\frac{1}{\infty}=0$ ← 자명하다.(옳다.) 이것이 출발점이다.

$-18=0$ ← 양변의 내용을 똑같이 90도 돌렸다.

$-10=8$ ← 양변에 똑같이 8을 더했다.

$\frac{0}{1}=\infty$ ← 다시 양변을 90도 돌렸다.

$0=\infty$ ← 양변에 똑같이 1을 곱했다. 증명 완성

누가 봐도 진짜 수학의 증명은 아니다. 숫자를 90도 돌려도 같다는 것은 성립하지 않기 때문이다.

그래도 참신하고 재미있다.

수학적으로 보이는 면도 있다. 왜냐하면 같은 것을 같은 방식으로

변화시키면(즉 90도 돌리면) 같은 것이 나온다는 생각이 논리적인 것처럼 보이기 때문이다.

삼단논법과 귀류법

귀류법의 논리가 어떻게 삼단논법의 변형일 수 있을까? 이것을 살펴보자.

이제 살펴볼 핵심은 '정확한 연관성'이다. 삼단논법과 귀류법이 정확히 동어반복으로 연결된다는 것.

얼핏 봐서는 재미없을지 모른다. 하지만 간단하므로 수학자들이 하는 생각을 한번 따라가 보자. 수학의 진정한 재미를 알려면 수학자들의 실제 활동도 조금은 엿봐야 할 테니까.

삼단논법을 다시 보자.

[전제1] P이다. (P)

[전제2] P이면 Q이다. ($P \rightarrow Q$)

그러므로

[결론] Q이다. (Q)

이런 삼단논법이 세 단계를 거치면 귀류법의 논리로 바뀌게 된다.

첫째 단계는 "P이면 Q이다(P→Q)"를 "P가 아니거나 Q이다(~P∨Q)"로 바꾼다. 이 둘이 같다는 점은 수학의 명제 단원에서 배웠을 것이다.

[전제1] P이다. (P)

[전제2] P가 아니거나 Q이다. (~P∨Q)

그러므로

[결론] Q이다. (Q)

둘째 단계는 P라는 빈칸에 "Q가 아닌 것이 아니다"(~(~Q))를 넣는다. 이렇게.

[전제1] Q가 아닌 것이 아니다. (~(~Q))

[전제2] Q가 아니거나 Q이다. (~Q∨Q)

그러므로

[결론] Q이다. (Q)

여기의 전제2에서는 "Q가 아닌 것이 아닌 것(P)이 아니거나 Q이다"(~(~(~Q))∨Q)에서 이중 부정이 긍정으로 바뀌었다. 즉 삼중 부정 안에 있는 이중 부정만 긍정으로 바뀐다.

셋째 단계는 전제1과 전제2의 순서를 바꾸는 것이다.

[첫째 전제] Q가 아니거나 Q이다. ($\sim Q \vee Q$)

[둘째 전제] Q가 아닌 것이 아니다. ($\sim(\sim Q)$)

그러므로

[결론] Q이다. (Q)

이렇게 전제의 순서를 바꾸는 것은 아무런 영향을 주지 않는다.

조심하자. 이와 달리, 혹시나 전제를 결론에 넣거나 결론을 전제로 끌어올리면 안 된다. 그러면 논리적일 수 없다.

여기서 "…이 아닌 것"을 "…이 틀린 것"으로 바꿔도 된다. 아니면 틀린 것이고, 틀리면 아닌 것이니까.

[첫째 전제] Q가 틀린 것이거나 Q이다.

[둘째 전제] Q가 틀린 것이 아니다.

그러므로

[결론] Q이다.

실제 귀류법을 쓸 때는 Q가 틀린 것이 아니라는 것만 보여준다. 왜냐하면 첫째 전제가 너무 당연하기 때문이다. 이것이 귀류법이다.

그리고 Q는 빈칸이므로 이제 여기에 증명하려는 내용을 뭐든 넣을 수 있다.

이해하면 너무나 당연하다

다음 유머는 수학의 필연성을 이해하는 데 꼭 필요하다.

♣ 깡패를 제압하는 눈빛

어떤 수학자가 깡패를 제압하는 법을 설명한다.

"내가 길을 가다가 깡패를 만났어. 하지만 그 깡패는 내게 감히 범접하지 못했지. 왜인 줄 알아? 내가 감히 범접할 수 없게 만드는 눈빛으로 그놈을 째려봤거든!"

수학적 필연성은 동어반복으로 얻어진다.

동어반복이라는 이 특징을 어떻게 설명하려고 해도 재미없는 말이 길어지는 경향이 있다. 그래서 내가 그림으로 설명하는 방법을 만들어 보았다. 여기 다른 모양의 도형이 두 개 있다.

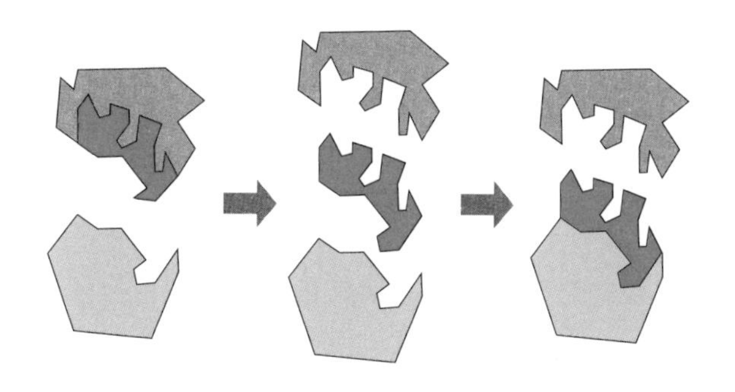

[공식의 내용] '이 부분'을 떼서 저기에 맞추면 정확히 맞는다!

앞의 도형의 밑부분(청록색 중간 도형)을 떼서 아래 도형에 붙이면?

놀랍게도 정확히 아귀가 맞다. 그뿐만이 아니다. 중간 도형과 결합한 아래 도형의 면적은 중간 도형과 결합한 위 도형의 면적과 똑같다. 그렇다고 해보자.

이런 내용이 있다면, 기억할 만한 지식일 것이다. 이 '끼워 맞추기 그림'이 수학 정리(공식)의 겉보기 모습이다.

그런데 전후 사정을 정확히 알고 나면 이 놀라움이 조금 다르게 변한다. 이 앞에, 사실은 다음과 같은 내용이 원래 있는 것이다.

아래 그림에서 보듯이, 면적은 같지만 모양이 다른 두 도형을 겹치자. 그 겹쳐진 부분이 이 중간 도형이다.

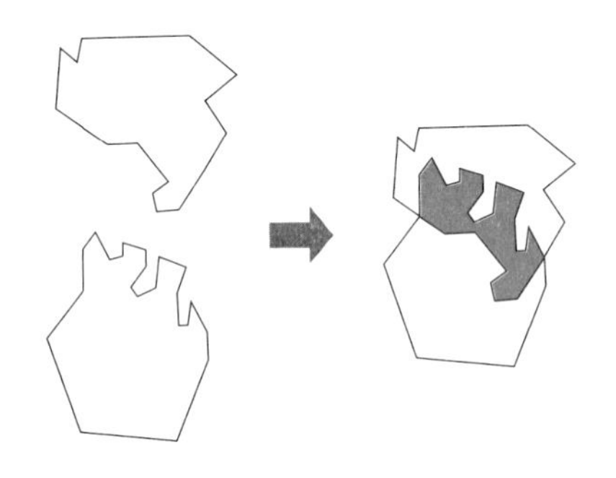

[공식의 도출 과정] 그것은 서로 겹쳐진 부분이었다.

공식만 아는 것이 아니라 공식의 도출 과정 전체를 아는 것이 여기에 해당한다.

이것을 알면 모든 것이 너무나 당연해 보일 것이다.

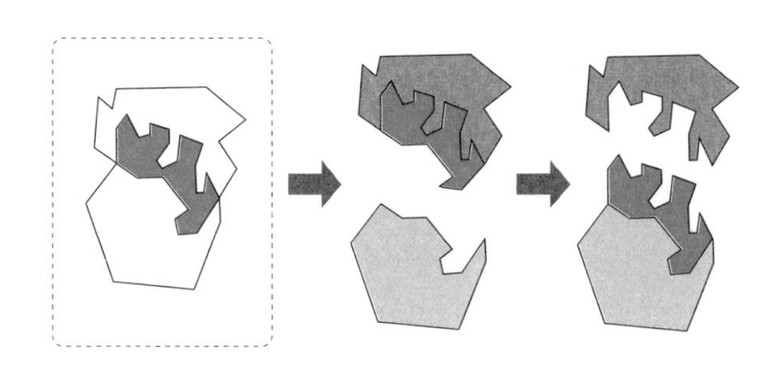

[동어반복] 결국 동어반복의 다른 형태일 뿐이다.

여러분의 입에서 "그건 그럴 수밖에 없잖아!"라는 말이 튀어나오게 될 것이다. 왜?

중간 도형이 아무리 복잡해도 이것은 서로 맞아떨어질 수밖에 없다. 겹친 부분을 각각 갖다 붙인 두 도형의 면적도 정확히 같을 수밖에 없다. 겹쳤던 두 도형의 면적이 원래 같았으니까. 이 도형이 어떤 모양들이더라도 그렇게 될 것이다. 뻔하지 않은가.

이것이 수학적 지식을 제대로 이해했을 때 우리가 느끼게 되는 것이다.

당연함! 그리고 동어반복!

이것을 알아야 수학이 쉽고 재미있게 된다.

수학에서의 실제 경우들을 보자.

실제로 그럴까?

기초적인 삼각함수를 공부하면 다음과 같은 제1 코사인 법칙을 배운다.

제1 코사인 법칙

△ ABC에서

① $a = b\cos C + c\cos B$

② $b = c\cos A + a\cos C$

③ $c = a\cos B + b\cos A$

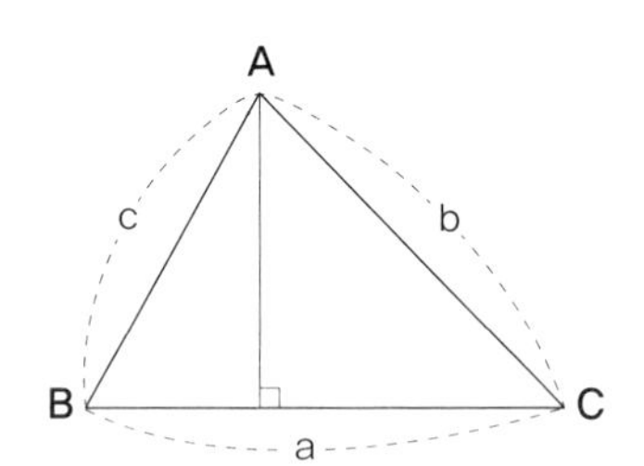

제1 코사인 법칙을 보면 그 내용이 신기하기도 하고 어렵기도 하다.

어떤 삼각형에서든지, 다른 두 빗변의 길이에 그쪽 각의 코사인을 곱해서 더하면 남은 변의 길이가 나온다는 것이다.

하지만 잘 생각해 보면, 이것 역시 앞에서 본 그림 수준의 동어반복과 다르지 않다.

코사인이 뭔가? 코사인의 정의는 각의 크기에 따른 직각삼각형의 밑변의 길이다. 핵심만 강조하자면, 코사인은 '밑변의 길이'를 나타낸다.

$\cos C$는 빗변 b가 1일 때 밑변의 길이이다. 만약 빗변이 2나 3이라면 그 밑변의 길이는 $2\cos C$나 $3\cos C$가 될 것이다. 그러니까,

빗변이 b라면 밑변의 길이는 $b\cos C$가 된다.

이제 제1 코사인 법칙 ①이 무엇을 의미하는가?

삼각형의 밑변인 a의 길이를 둘로 나눈 후, 그 둘을 더하면 원래 길이 a라는 것이다.

당연하지 않겠는가. 알고 보면 동어반복이다.

제1 코사인 법칙의 내용을 도형 그림에 빗대어 설명하면 다음과 같다.

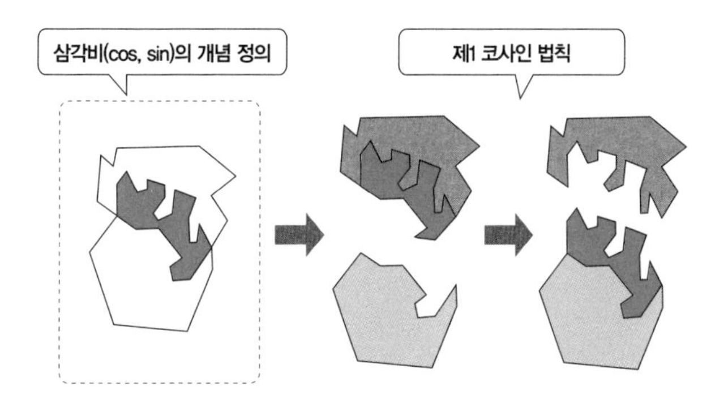

또 다른 예로 이 공식을 보자.

$$a^{\log_a x} = x$$

고등학교 수학 교과 내용을 기억하는 사람들에게 이 공식은 어렵지 않을 것이다.

주로 '로그 $\log_a x$의 밑과 같은 값(a)에 로그를 지수로 얹으면 두 a 값은 약분된다'와 같은 방식으로 암기한다. 그런데 잘 생각하면 이 공식은 '너무나 뻔한 것'이어서 암기가 필요 없는 동어반복이다.

먼저 로그의 정의를 다시 떠올려 보자.

[로그의 정의] $a^m = N \iff m = \log_a N$ (단 $a>0, a\neq 1, N>0$)

수학 기호로 씌어 있어서 까다롭다. 하지만 그 의미를 잘 되새겨 보자.

> '$\log_a N$'이라는 수는, a를 ?제곱해서 N이 되는 그런 수이다. 그러니까… 그런 수만큼 a를 제곱하면?

당연히 N이 나올 것이다. 모두 사라지고 N만 남는 것이다.

그러니까, $a^{\log_a x} = x$도 그렇게 된다.

그림으로 설명하면 이렇다.

$$a^m = N \iff m = \boxed{\log_a N}$$

$$\boxed{a^{\log_a N} = N}$$

이 그림은 한쪽의 내용을 m에 집어넣는 것을 보여준다. 집어넣는다는 것은 곧 '같은 말을 반복한다'는 뜻이다. 그래서 결국 같은 값 N이 나왔다.

동어반복의 특징을 알기 위해서는 그림보다 잘 생각해 보자. 앞의 말, 즉 "$\log_a N$이라는 수는 a를 ?제곱해서……"라는 문장을.

생각해 보면 이건 이럴 수밖에 없다!

마치 누군가를 '감히 범접할 수 없는 눈빛'으로 째려봤기 때문에 그가 감히 범접하지 못했다는 유머와 같다.

a가 '나'이고, x는 감히 범접하지 못하는 것이며, $\log_a x$는 그렇게 만드는 눈빛에 해당한다. 그래서 $a^{\log_a x}$는 내가 그런 눈빛으로 상대를 쏘아보는 것이다. 그러면 상대는? 감히 범접하지 못하게 된다.($a^{\log_a x} = x$)

동어반복이다.

수학자가 영혼을 팔 때

♣ 수학자의 영혼을 산 악마

어느 수학자가 10년 동안 리만 가설을 증명하려고 애를 쓰지만 실패하고 말았다.

이때 악마가 그를 유혹했고, 수학자는 악마에게 자신의 영혼을 넘기기로 한다. 조건은, 악마가 한 달 내에 리만 가설의 증명을 수학자에게 넘긴다는 것이었다.

하지만 약속한 한 달이 지났는데도 악마는 모습을 드러내지 않았다.

그로부터 10년 후, 악마가 초췌한 모습으로 수학자 앞에 나타나서 말했다.

"정말 미안하네, 죽어라 노력했는데도 그 가설은 증명하지 못했어. 하지만……!"

이렇게 말하며 악마가 갑자기 천진난만한 미소를 지었다.

"흥미로운 정리를 몇 개 발견했는데, 한번 보겠나?"

이것은 수학 유머들 중의 하나다.

어떤 사람들은 "이게 왜 우습다는 거지?"라고 갸우뚱하게 될 것이다. 하지만 수학의 세계를 알면 이 유머는 은근히 재미있다.

첫째, 수학자들의 일 중 가장 중요한 것은 증명이다.

가우스의 업적 중 가장 널리 알려진 것은 대수학의 기본 정리를 증명한 것이다. 앤드루 와일즈는 페르마의 마지막 정리를 증명해서 필즈상을 수상했다. 페렐만은 푸앵카레 추측을 증명해서 세계적인 수학자로 인정받았다.

둘째, 수학자들은 아직 증명되지 않은 내용을 증명하려 한다. 리만 가설도 그중 하나이다. 리만 가설의 내용은 이렇다.

소수로 이루어진 제타 함수의 값이 0이 되는 점은 무수히 많고, 모두 일직선상에 나타난다.

소수는 1과 자기 자신 외에는 다른 약수가 없는 수이다. 2, 3, 5, 7, 11…… 등이 소수이다.

자연수에서 소수가 나타나는 빈도는 매우 불규칙해 보인다. 하지만 수학은 규칙성의 학문, 많은 수학자들은 그 불규칙해 보이는 소수의 존재에서 규칙성을 찾기 위해 노력했다. 리만 가설의 주인공인 수학자 리만(Georg Friedrich Bernhard Riemann, 1826~1866)도 그중의 한 명이다.

리만은 1859년에 소수에 관한 8쪽의 짧은 논문을 발표했고, 여기서 그는 제타 함수라는 독특한 함수를 언급했다.

이후 다른 수학자들이 이 함수의 여러 성질들을 증명했는데, 한 가지 사실만 아직 증명하지 못했다. 제타 함수의 값이 0이 되는 점이 일직선상에 나타난다는 게 그것이다.

증명되지 않았기 때문에 이 내용은 '가설'이라고 불린다.

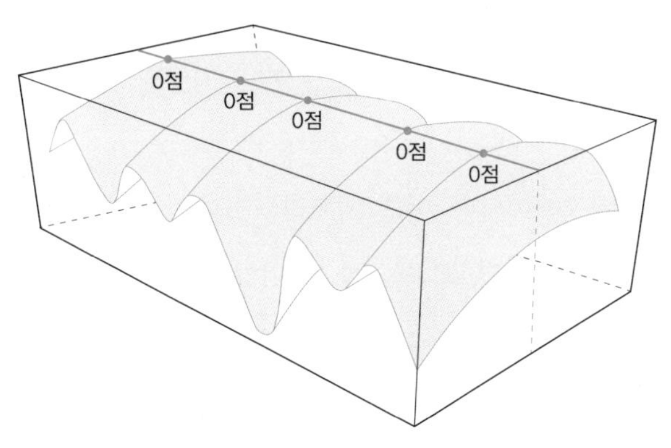

리만 가설을 시각적으로 보여주는 그림.
여기서 그림 속의 곡면이 제타 함수를 만족시키는 값들이다.

리만 가설의 증명은 수학적 가치가 크다.

하지만 증명이 너무 어려워서 천재적인 수학자들까지 두 손 두 발 다 들게 만들었다. '존 내쉬'는 노벨 경제학상까지 받은 수학 천재이다. 그조차도 젊은 시절에 리만 가설에 대해 강의하다가 정신병을 얻었을 정도다.

2000년 5월 24일에는 클레이 수학연구소라는 기관에서 밀레니엄 난제 중의 하나로 리만 가설을 채택했다.

만약 이것을 누군가가 증명한다면? 일약 세계적인 스타 수학자가 된다. 그래서 유머 속의 수학자는 악마에게 영혼을 팔아서까지 이 증명을 얻으려고 한다.

셋째, 리만 가설을 증명하지 못한 악마의 태도를 이해할 필요가 있다. "흥미로운 정리를 몇 개 발견했는데, 한번 보겠나?"라고 말하는 악마.

수학자들은 종종 어려운 수학 문제를 증명하려다가 수학적으로 매우 가치 있는 다른 결과를 얻어낸다. 그리고 이것이 수학의 발전을 이끈다.

4색 문제가 한 예이다. 어떤 지도라도 4개의 색만으로 헷갈리지 않게 경계선을 드러내면서 색칠할 수 있다는 것을 증명하는 문제다. 1852년에 처음 문제가 제기되어 미국 일리노이 대학교의 아펠과 하켄, 두 교수에 의해 1976년에 마침내 해결되었다.

4색 문제 자체로는 크게 실용성이 없었다. 하지만 이것을 증명하는 과정에서 나온 중간 정리들은 위상수학과 그래프 이론의 발전에 크게 기여했다.

이런 수학의 특징을 알아야 악마의 마지막 대사에 빙그레 웃음을 지을 수 있다.

그 웃음 속에 수학 연구에 대한 이해도 들어 있다.

수학의 리만 가설을 증명하느라…… 악마도 순진한 수학자가 되고 말았다.

5장

고차원의 사고

좋은 것은 단순하다

수학은 최고의 사고력을 보여주는 학문이다. 좋은 생각의 방법이 수학에 있다.

그런데 좋은 것은 항상 단순하다.

세계적으로 유명한 애플 제품의 디자인에서 그걸 볼 수 있다.

애플사의 대표적인 상품 중 하나를 보자. 컴퓨터이다. 드라마나 영화 주인공의 책상에는 흔히 애플사의 제품이 놓여 있다. 그래야 주인공이 멋있어 보이기 때문이다. 제품 디자인이 뛰어나다고 볼 수 있는 까닭이다.

뛰어난 디자인에는 어떤 특징이 있는가? 바로 단순함이 있다.

애플사의 디자인에는 모든 것이 적거나 작다. 선의 개수가 적고, 버튼이 작고 면도 작다. 전기를 꽂는 단자도 작다.

디터 람스Dieter Rams는 애플사의 디자인에 영감을 준 것으로 알려진 세계적인 디자이너이다. 그는 좋은 디자인 원칙을 10가지 제시한 적이 있는데, 그중 하나가 이렇다.

좋은 디자인은 가능한 한 최소한으로 디자인된다.
Good design is as little design as possible.

눈에 보이는 디자인에서만 단순해야 하는 것이 아니다. 좀 엉뚱해 보이지만 총기를 생각해 보자.

예전에 미국의 유명 다큐멘터리 채널인 〈디스커버리〉에서 AK 소총을 세계 최고의 총기로 선정한 적이 있다. 그만큼 AK 소총은 잘 만들어진 총기로 널리 알려져 있다. 왜 그런가?

AK 소총은 북한과 같은 공산권에서 주로 사용하는 기본 화기이다.

미하일 칼라시니코프가 1947년에 개발했다. 이 화기는 여간해서는 고장 나지 않고 생산비가 저렴하며 기본 성능도 훌륭하다.

나는 군대 생활 때 AK 소총 분해 훈련을 해본 적이 있다. 그때 나는 어이가 없었다. 조금 과장을 섞어서, 총 안이 텅 비어 있었기 때문이다.

총 몸통을 열면 그 안에 쇠막대기 하나와 스프링 하나 정도만 들어 있는 느낌이었다. 그만큼 구조가 단순했다. 별로 든 것이 없으니 고장이 날 게 없다.

한편 공산권과 달리 자유 진영에서 사용하는 기본 화기는 M16 계열이고, 우리나라는 독자적인 K2 소총을 사용한다. 이런 총기도 구조는 단순하다.

실제 M16이나 K2 소총의 내부는 꽤 단조롭다. 하지만 총기 내부를 꽉 채우는 쇠뭉치 정도는 하나 들어 있는 느낌이다. 뭔가 채운다는

AK 소총의 구조 (AK47의 파생형 AKM)

점에서 텅 비우는 느낌의 AK 소총보다 덜 단순하다.

다른 분야도 마찬가지이다. 작가인 내가 글을 씀에 있어서도 항상 단순함을 추구한다. 글에서 말하려는 바가 무엇인가? 그것을 단순하게 말할 수 있는가?

그 질문에 답할 수 없다면 좋은 글이 되기 어렵다. 다시 써야 한다.

수학도 마찬가지다. 미적분을 만든 수학자 아이작 뉴턴도 이렇게 말했다.

> 진실은 복잡함이나 혼란 속에 있지 않고, 언제나 단순함 속에서 찾을 수 있다.

숫자에서 사물을 떼어내기

우리의 생각에서 극도로 단순한 것을 남겼을 때 추상적인 개념이 남는다.

추상적인 개념에는 일반성이 따라온다. 장점이다.

추상성과 일반성, 두 말의 뜻은 다르지만, 실제로는 거의 대부분 같은 것을 가리킨다.

먼저 일반성부터 보자. 수학은 일반성을 가지고 있다.

친숙한 예부터 짚어 보겠다. 대신 쉽다.

$2+3=5$와 같이 우리가 일상적으로 활용하는 산수 계산은 극도로 일반적이다.

사과 2개와 사과 3개가 있다면, 합해서 몇 개가 될까? 사과 5개. 사과 2만 개와 사과 3만 개가 있다면? 합해서 사과 5만 개가 될 것이다. 이 모든 것에 의심의 여지가 없다.

또 다른 측면을 보자.

영화 〈스타워즈〉에 나오는 우주 전함이 2대와 3대가 있다면, 합쳐서 5대가 될 것이다. 역시 의심의 여지가 없다.

사과 2개와 3개를 더해 사과 5개를 세어본 사람은 매우 많겠지만, 사과 2만 개와 사과 3만 개를 더해 5만 개가 되는 것을 직접 세어본 사람은 아마 없을 것이다.

$2+3=5$도 산수 계산이고, $20000+30000=50000$도 산수 계산이다. 우리는 $2+3=5$만이 아니라 모든 산수 계산을 생각하고 있다.

하물며 〈스타워즈〉에 나오는 우주 전함은 아예 실제로 존재하지도 않는다. 그런데도 그런 게 있다면 여기에도 $2+3=5$가 명백하게 성립한다. 그리고 우리는 이 사실에 조금의 의구심도 느끼지 않는다.

이런 산수의 일반성은 놀랍고 신비하다. 수학의 지식은 모든 것에 쓸 수 있고, 가장 신뢰할 수 있다. 강력한 일반성 덕분이다.

그럼에도 나는 이런 지식의 가치를 느끼기 어려웠다. 초등학교 때부터 수학을 배웠지만 수십 년이 지나서야 "참 신비하다"라는 것을 느낄 수 있었다. 많은 사람들이 나와 같을 것이다.

왜 그럴까? 답은 간단하다. 너무 흔하기 때문이다.

중동의 도시 두바이에는 부자가 많아서 람보르기니 같은 슈퍼카를 타는 사람들이 흔하다고 한다. 그런 도시에 산다면, 비록 내가 갖고 있지 않아도 람보르기니를 타는 것이 평범해 보일 것이다. 대단해 보이지 않는 것이다. 하지만 사실, 알고 보면 람보르기니를 탄다는 것은 대단한 일임에 틀림없다.

수학적 지식이 람보르기니 같은 슈퍼카에 해당한다.

수학이 그렇게나 대단한 지식이라고? 이것을 이해하기 위해 실제로 2+3=5라는 지식을 얻어온 과정을 알아보자.

ㅣ 정말 긴 세월이 걸렸다

사과 2개와 사과 3개를 합해서 사과 5개가 된다는 사실에서 일반적인 2+3=5라는 것을 알기 위해서는 2에서 '사과'라는 구체적인 사물을 떼어내야 한다.

이것이 얼마나 어려울까?

다음 상황을 생각해 보자.

삼촌이 조카에게 산수를 가르치고 있다.

삼촌이 말한다. "2+3=5야. 잘 봐."

손가락 2개와 3개를 펴면서,

"이렇게 2개에 3개를 더하면 하나, 둘, 셋, 넷, 다섯! 5개잖아. 그러니까 사과도 2개와 3개를 더하면 5개인 거지."

그러자 조카가 말한다.

"어, 삼촌! 방금 센 것은 손가락이잖아요. 손가락과 사과가 왜 같아요?"

이런 경우에 삼촌은 조카에게 어떻게 설명해야 할까? 참 난감하다.

이건 꾸며낸 이야기가 아니다. 내가 직접 본 적이 있는 실화다. 성질이 급한 삼촌이라면, 조카에게 '이것도 이해 못 해?'라고 핀잔을 주며 포기할 것이다.

그런데 놀랍게도, 조카의 말에도 설득력이 있다.

손가락과 사과는 생김새도 다르고 용도도 다르다. 손가락은 우리 몸의 일부이고 사과는 그렇지 않다. 사과는 먹을 수 있지만, 손가락은 그래서는 안 된다. 이처럼 손가락과 사과의 속성은 같지 않다.

그와 마찬가지로 2개라는 속성도 손가락에는 적용될지라도 사과에 적용되지 않을 수 있다. — 이 생각이 그럴듯하지 않은가.

그러므로 우리는 사과 2개와 사과 3개를 더해 5개가 된다는 경험에서, 사과라는 구체적인 사물을 떼어내는 것이 대단한 사고의 도약이라는 것을 이해해야 한다. 이것은 나무로 소달구지를 만들던 기술에서 람보르기니 같은 슈퍼카를 만드는 기술로 도약하는 것과도 같다. 엄청난 일이다.

'추상'이란 명칭은 어디서 왔을까?

사과와 손가락은 '2'를 이해하는 데 불필요하다. 그래서 이것을 떼어낸다. 이런 것을 떼어내고 공통점(숫자)만 남기기 때문에 2+3=5라는 일반적 지식은 '추상적'이라고도 불린다. 불필요한 차이점을 없앤(추抽) 의미(상象)라서 '추상抽象'이다.

일반성은 2+3=5가 어떤 것에든 상관없이 적용된다는 뜻이다.

이런 일반적이고 추상적인 사실을 깨닫기 위해 인류는 생각보다 훨씬 오랜 세월을 거쳐야 했다.

세계적인 수학자이자 철학자인 버트런드 러셀(Bertrand Arthur William Russell, 1872~1970)은 다음과 같이 말했다.

> 인류가 '닭 두 마리'의 2와 '이틀'의 2가 같다는 것을 이해하기까지는 수천 년(many ages)의 시간이 필요했다.

수백 년이 아니라 수천 년? 그렇다. 그렇게 긴 세월이 필요했다. 천 년 왕국이라는 신라(993년 존속)가 두 번은 생겨나고 망하기를 반복했을 것이고 조선 왕조 500년이 네댓 번은 반복되었을 시간이다. 소달구지를 만들던 시대에서 슈퍼카를 만드는 시대로 넘어오는 데 걸린 시간도 이보다는 훨씬 짧다.

그처럼 추상적 수학을 이해하는 것은 어려운 고급 사고력이다. 따라서 우리는 또다시 이와 같은 어려움을 겪는 것이 이상하지 않다. 아직 익숙하지 않은 수학의 여러 내용을 배울 때 그러하다.

간단한 예가, 집합과 같은 추상도가 높은 수학에 대해서 처음 배울 때다.

집합에서 우리는 어떤 것 x가 집합 A의 원소일 때 $x \in A$라고 쓴다는 것, 그리고 부분집합의 관계에 대해 배운다. 행렬이나 함수를 배울 때도 마찬가지다. (행렬과 함수는 뒤에서 설명한다.)

이해하기 어려운 것은 없다. 매우 단순하니까. 대신에 이런 생각이 든다.

"그래서 어쩌자는 건가?"

막막하고 답답하다. 그나마 시험 문제가 어렵지 않아서 다행일 뿐.

인류가 '사과 두 개'와 '손가락 두 개'에서 사과와 손가락을 떼어내고 '그냥 2'에 대해서 생각하기 시작했을 때도 사람들은 똑같은 막막함을 느꼈을 것이다.

"두 개? 뭐가 두 개라는 말인가? 그냥 두 개가 어딨어?"

이처럼 추상적인 수학 개념을 이해하는 것은 원래 어려운 일이다.

다행히도 우리는 이미 그 사고력을 갖고 있다.

추상화가 만드는 패턴

개념의 추상화는 사실 수학의 전유물만은 아니다. 수학 이외의 분야에서도 항상 나타난다.

예를 들어 개와 고양이, 원숭이의 공통점은? 동물이라는 점이다. 이때 '동물'이 추상적 개념이다. 개와 고양이, 원숭이 등의 공통점을 찾아낸 것이니까.

그런데 동물은 빈칸이기도 하다. '어떤 동물'이라고 할 때 우리는 그 자리를 빈칸으로 만들고 거기에 개, 고양이, 원숭이 등 동물에 해당하는 어떤 것이든 채워 넣을 수 있다.

"동물은 움직인다"라고 말할 때 '동물' 자리에 빈칸을 치면 "□은 움직인다"가 된다. 그리고 이것이 진짜 우리가 생각하는 것이다. 다음과 같은 것 말이다.

> 개는 움직인다.
>
> 고양이는 움직인다.
>
> 원숭이는 움직인다.
>
> 기타 등등……

이렇게 공통점은 항상 빈칸이 된다. 그러니까, 동물이라는 빈칸을 '$\square_{동물}$'로 표시해 보자.

그런데 생물도 빈칸이고 추상이다.

생물은 식물과 동물, 미생물 등의 추상이어서, 빈칸들에 대한 빈칸인 셈이다. 그래서 '□생물은 물질대사를 한다'는 다음의 모든 것을 한꺼번에 생각한다.

□동물은 물질대사를 한다.

□식물은 물질대사를 한다.

□미생물은 물질대사를 한다.

추상화의 핵심인 이 '빈칸'은 매우 쓸모가 있다.

아니, 쓸모 있는 모든 것은 어떤 방식으로든 빈칸을 위한 것이다.

자동차는 잘 달릴 수 있어야 하지만 동시에 거기에 사람이 타거나 물건을 싣기 위한 공간이 있어야 한다. 빈칸인 자동차가 쓸모가 있는 것이다.

여기서부터는 '자동차'로 추상화를 설명해 보겠다.

우리는 자동차보다 더 많은 기능을 가진 도구를 생각할 수 있다. 그래서 단지 '어떤 것(대상)'을 실어나르는 데 그치지 않고, 그 스스로 날아다니거나 건설을 하고 때로는 창작을 하기도 하는 기계를 상상해 보는 것이다.

그 새로운 도구는 다음과 같이 빈칸을 3단계로 포함하는 기계가 될 것이다.

1단계 : 이 도구는 □대상을 실어나른다.

2단계 : 이 도구는 □대상에 □작용한다.

3단계 : 이 도구는 □기능한다.

2단계에서는 1단계의 '실어나른다'를 빈칸으로 만들었고, 3단계에서는 '대상에 작용한다'를 빈칸으로 만들었다. 3단계쯤에 이르면 이 도구는 컴퓨터 정도의 만능기계가 된다.

수학에서 추상화를 단계적으로 반복하는 것이 바로 이와 같다. 이 속에서 빈칸이 많을수록, 그리고 빈칸에 들어갈 수 있는 것의 범위가 넓을수록 그 기계나 생각이 더 쓸모 있다는 것을 알 수 있다.

일반성을 추구하는 수학에서는 이러한 추상화가 빈번히 이루어진다. 점점 더 쓸모 있기 위해서다.

추상 개념들에 대한 추상, 다시 그것을 추상하는 반복적 추상화가 이루어지는 것이다.

누구나 할 만한 생각을 하는 수학, 단 그것을 극단적으로 쓸모 있게 그리고 정확하게 할 뿐이다.

계산법의 탐구 역사

숫자를 파악하는 데에 세월이 그렇게 오래 걸렸다고? 그렇다면 숫자 계산법을 이해하는 데에도 시간이 오래 걸렸을 것이다.

숫자 계산법을 간단히 '대수학'이라 할 수 있다. ('대수학'이란 말을 가장 짧고 쉽게 풀이한 것이다.)

대수학이라는 이름은 낯설 것이다. 내 경우에는 그랬다.

그 의미가 대단히 어려운 것은 아니다. 우리가 수학 시간에 지겹도록 공부하는 내용이다. 그런데 수학 교과서에서 '대수학'이라는 용어를 쓰지 않아서, 대학에서 대수학을 만났을 때 혼란을 겪었다.

어쨌든 대수학代數學은 수학에서 제일 중심에 있는 분야인데, 그 내용은 숫자 계산의 규칙성이다. 즉 대수학은 두 숫자를 계산하는 사칙연산을 연구한다.

수학은 규칙성을 연구한다. 그럼 사칙연산에서 어떤 대단한 규칙성이 나타날까?

등차수열이나 등비수열 같은 복잡한 계산이 생각날지 모른다. 하지만 그렇게 많은 숫자들을 계산하지 않고 몇 개 안 되는 숫자들을 계산하는 것에서도 어려운 규칙성이 나타날 수 있다. 방정식이다.

앞서 설명했듯이 일반적인 숫자 계산은 좌변에서 우변으로 계산해 나간다. 하지만 방정식은 계산하려는 값이 계산의 가운데에 섞여 있다. 고등학교에서 2차 방정식과 3차 방정식 등을 배워서 알겠지만,

대수학의 역사

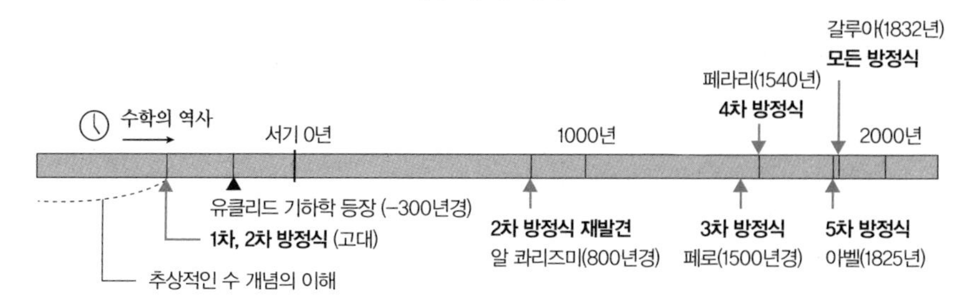

그 차수가 높아질수록 난이도는 급격히 올라간다.

수학의 내용은 이런 문제에서도 규칙성 혹은 패턴을 찾아낸다.

방정식의 풀이법이 그 결과물이다. 근의 공식.

그래서 대수학의 역사에서는 1차 방정식의 근의 공식, 2차 방정식의 근의 공식 등을 찾은 역사로 이어진다.

그림으로 먼저 정리하면 위 표와 같다.

추상적인 수number의 개념을 이해하는 데에 수천 년이 걸렸지만 그 후는 제법 빨랐다.

그림의 제일 왼쪽에 수의 개념 이해가 나타나 있다. 그다음에 기원전 1,500년경에 1차 방정식과 2차 방정식의 풀이법을 사람들이 알고 있었던 것 같다. 워낙 옛날 일이라 정확한 시기와 수학자는 알 수 없다. 2차 방정식은 대략 800년경에 페르시아의 수학자인 알 콰리즈미가 별도로 연구해서 찾아내기도 했다.

3차 방정식부터는 발전 속도가 엄청나게 빨라졌다. 500년이 안 되는 짧은 시기에 모두 몰려 있다.

1500년경에 델 페로(Scipione dal Ferro, 1465~1526)가 3차 방정식의 풀이법을 찾아냈고, 1540년에 페라리(Lodovico Ferrari, 1522~1565)가 4차 방정식의 풀이법을 찾아냈다.

그 후 280년쯤 지나서 1825년에 아벨(Niels Henrik Abel, 1802~1829)이 5차 방정식의 일반적 풀이가 없음을 증명하였다. 곧이어 1832년에 갈루아(Évariste Galois, 1811~1832)가 5차 이상의 모든 방정식에는 풀이가 없는 이유를 명백하게 보였다.

여기까지가 방정식과 관련한 숫자 계산법에 대한 역사의 끝이다.

그 이후에는?

마지막의 갈루아 이론에서 나타나는 군론group theory 등을 활용하는 현대 대수학이 이어진다.

이 부분은 '대수학'이라는 이름하에, 숫자 계산이 아닌 더 추상적이고 심오한 내용을 다룬다.

왜 2차 방정식의 근의 공식만 배울까?

그런데 우리는 주로 2차 방정식의 근의 공식만 배운다.

고등학교에서도 3차 방정식과 4차 방정식을 인수분해로 풀기만 할 뿐 근의 공식을 배우지는 않는다. 왜 그럴까?

3차 방정식과 4차 방정식의 근의 공식은 지나치게 복잡하다.

예를 들어 3차 방정식 $ax^3+bx^2+cx+d=0$의 근은 모두 3개로 각각의 근의 공식은 아래와 같다. (복잡하다는 것만 보자.)

그냥 인수분해로 근을 찾는 것이 효율적인 경우가 더 많다. 이런 복잡한 공식을 쓰지 않고 말이다.

5차 방정식부터는? 아예 근의 공식이 없다. '갈루아 이론'이 이것을 증명한다.

증명의 통찰력이 심오하고 내용이 복잡해서 갈루아 이론은 주로 대수학 교과서의 뒷부분을 큼지막하게 차지한다.

그렇다면 2차 방정식과 인수분해를 배웠을 때, 대수학의 실질적인 응용 지식을 거의 다 배운 셈이 된다.

3차 방정식의 근의 공식

$$x_1=-\frac{b}{3a}-\frac{1}{3a}\sqrt[3]{\frac{2b^3-9abc+27a^2d+\sqrt{(2b^3-9abc+27a^2d)^2-4(b^2-3ac)^3}}{2}}$$
$$-\frac{1}{3a}\sqrt[3]{\frac{2b^3-9abc+27a^2d-\sqrt{(2b^3-9abc+27a^2d)^2-4(b^2-3ac)^3}}{2}}$$

$$x_2=-\frac{b}{3a}+\frac{1+i\sqrt{3}}{6a}\sqrt[3]{\frac{2b^3-9abc+27a^2d+\sqrt{(2b^3-9abc+27a^2d)^2-4(b^2-3ac)^3}}{2}}$$
$$-\frac{1-i\sqrt{3}}{6a}\sqrt[3]{\frac{2b^3-9abc+27a^2d-\sqrt{(2b^3-9abc+27a^2d)^2-4(b^2-3ac)^3}}{2}}$$

$$x_3=-\frac{b}{3a}-\frac{1-i\sqrt{3}}{6a}\sqrt[3]{\frac{2b^3-9abc+27a^2d+\sqrt{(2b^3-9abc+27a^2d)^2-4(b^2-3ac)^3}}{2}}$$
$$+\frac{1+i\sqrt{3}}{6a}\sqrt[3]{\frac{2b^3-9abc+27a^2d-\sqrt{(2b^3-9abc+27a^2d)^2-4(b^2-3ac)^3}}{2}}$$

이 말의 요점은?

2차 방정식과 인수분해를 다루는 내용은 수학의 중심부에 있는 지식이다.

비록 우리에게는 아주 친숙하지만, 수학의 재미를 설명하기에 충분히 어렵고 심오한 내용인 것이다.

그만큼 우리가 중·고등학교 때 배우는 수학의 내용은 매우 고급 지식에 속한다.

살아가면서 우리의 생활 속에서 이 지식을 다 쓸 수 없을 정도.

만약에 이런 지식을 활용한다면 그때마다 우리 자신의 사고력을 강력하게 만들 수 있다.

방정식 풀이의 비극 이야기

잠깐 인간적인 이야기를 해보겠다. 그것은 n차의 각 방정식의 해법을 찾은 사람들에 대한 이야기이다.

1차 방정식의 해법, 즉 모든 1차 방정식을 푸는 방법은 매우 일찍 발견된 것 같다. 정확한 기록이 없을 정도다.

2차 방정식의 해법은 약 4,000년 전인 기원전 1,800년경 바빌로니아인들이 알고 있었다고 전해진다. 이것은 기호가 아닌 말로 설명된 것이었다. 이와 별도로 서기 800년경에 아라비아의 알 콰리즈미가 2차 방정식의 해법을 찾아냈다.

3차 방정식부터 난이도가 매우 높아지고, 이에 따라 발견도 그만큼 늦어졌다.

스키피오 델 페로가 3차 방정식의 해법을 발견한 최초의 사람이다. 하지만 그는 이 방법을 아무에게도 알리지 않고 있다가 1526년에 죽기 전, 단 한 사람의 제자에게 가르쳐주었다. 그 바람에 3차 방정식의 해법을 누군가가 찾았다는 소식을 타르탈리아(Niccolio Fontana Tartaglia, 1499~1557)가 들었다. 이에 분발한 타르탈리아는 스스로 연구하여 자신도 3차 방정식의 해법을 찾아냈다.

타르탈리아는 원래 이름이 폰타나Fontana였다. 어릴 때부터 말을 더듬어 '말더듬이'라는 뜻의 타르탈리아로 불리게 되었다. 그의 집안은 가난했는데 타르탈리아는 독학으로 공부했다고 한다. 종이 살 돈이 없어서 공동묘지의 묘비에 돌멩이로 글을 쓰면서 공부했을 정도였다.

이후 로도비코 페라리가 4차 방정식의 해법을 발견했다.

한편 카르다노(Grolamo Cardano, 1501~1576)는 타르탈리아를 찾아가서, 절대로 사람들에게 공개하지 않겠다고 맹세하고서는 3차 방정식의 해법을 배웠다. 하지만 페라리가 4차 방정식의 해법까지 풀었다는 것을 알고는 책을 출판해 3차와 4차 방정식의 해법을 공개했다.

이때 카르다노는 책에서 3차와 4차 방정식의 해법을 각각, 타르탈리아와 페라리가 찾아냈다고 밝혔다. 하지만 타르탈리아는 그것을 공개했다는 사실 자체에 크게 분노했다고 한다.

5차 방정식에 대해서는 해법을 찾은 것이 아니라, 일반적인 해법이 없다는 것을 증명하는 방식으로 해결되었다. 이에 대해 불후의 업적을 남긴 아벨과 갈루아 두 사람은 불행하게 요절한 천재들로 꼽힌다.

아벨의 불행은 가난이었다. 그는 19세에 아버지를 잃고 가난에 허덕였다. 5차 방정식의 해법이 없음을 증명했으나 내용이 추상적이고 난해해서 인정을 받지 못했다. 결국 26세의 젊은 나이로 결핵을 앓아 죽었다.

갈루아는 매우 극적인 삶을 살다 요절했다. 그는 프랑스의 소도시에서 상당히 좋은 집안에 태어났다. 어릴 때부터 천재성을 드러냈으나 어머니까지 정신병이라고 걱정할 정도로 타인과의 소통 능력이 부족하고 광기에 가까운 열정을 지니고 있었다.

게다가 불운이 겹칠 대로 겹쳤다. 아버지는 정치적 음모로 세상을 떠났고, 대학 입학시험에서 면접관의 얼굴에 칠판지우개를 던질 정도로 오만을 드러내기도 했다. 당연히 명문 대학에 낙방했다.

갈루아가 증명한 5차 방정식에 대한 논문은 대수학자 코시와 푸리에 등의 눈에 띄었다. 하지만 코시는 건강이 나빴던 바람에 그 논문을 잊었고 푸리에는 일찍 사망하였다. 이런 연속된 불운 속에 갈루아는 사랑하는 여성을 사이에 둔 결투에서 총에 맞아 사망한다.

결투가 결정되었을 때, 갈루아는 자신이 죽게 될 것이라고 예감했다. 그래서 밤새워 자신의 수학적 아이디어를 한 편의 논문으로 정리했다고 한다. 그 논문이 사후에 전해졌고, 이후 현대 대수학의 시대를

열었다.

이 수학자들에 대한 더 상세한 이야기들이 있다. 그 속에 인간적인 희로애락이 있어서 흥미를 끌기도 한다. 하지만 수학과는 다소 무관한 이야기이기도 하다.

천재들은 죽었어도 증명은 남았다. 좀 더 행복하거나 불행하게 살았더라도 그들은 수학에 업적을 남겼을 것이다.

선형대수학은 어디서 왔을까?

수학의 일반성과 추상성을 이해했다. 이것을 추상적인 현대 수학을 이해하는 발판으로 삼을 수도 있다.

현대 수학 중의 하나가 선형대수학이다. 선형대수학은 행렬과 순서쌍(벡터)을 계산하는 수학이다. (선형대수학에 대한 가장 짧은 설명이다.)

선형대수학의 발전사를 보면 1차 연립 방정식의 풀이에서 핵심만 남기면서 출발했다.

연립 방정식의 문제 상황을 통해 살펴보자.

〈추론 문제〉

진혁이와 지원이가 같은 지점에서 동시에 출발하여 1km 둘레의 운동장을 따라 돌고 있다. 이때 서로 반대 방향으로 돌면 5분 후에 처음으로 만나고, 서로 같은 방향으로 돌면 25분 뒤에 지원이가 2바퀴 앞지른다고 하자. 이때 진혁이의 속도는 얼마인가?

같이 풀어보자. 이 문제의 내용을 식으로 정리하면 다음과 같다. 진혁의 속도를 x, 지원의 속도를 y로 놓는 것에 착안하자.

$$5x + 5y = 1000$$
$$25x - 25y = -2000$$

대다수에게 이 연립 방정식을 푸는 것은 별로 어렵지 않다.

풀이 방법에는 기본적으로 대입법과 가감법이라는 2가지가 있다.

〈대입법〉

$5x + 5y = 1000$

$5y = 1000 - 5x$ ← 전체를 5로 나누면

$y = 200 - x$

이제 이것을 $25x - 25y = -2000$의 y 자리에 대입한다. 그러면,

$$25x - 25(200 - x) = -2000$$

$$25x - 5000 + 25x = -2000$$

$$50x = 3000$$

그래서 $x = 60$, 그러면 $y = 140$

보다시피 대입법은 x 나 y 에 하나를 대입하는 것, 즉 '집어넣기'의 방법이다.

한편 가감법이란 두 식을 더하거나 빼서 x 와 y 값을 찾는 방법이다. 더하거나 뺀다(가감한다)고 하는 뜻을 그대로 이름으로 썼다.

〈가감법〉

$$\begin{array}{rl} & 25x + 25y = 5000 \\ +) & 25x - 25y = -2000 \\ \hline & 50x \qquad\quad = 3000 \end{array}$$

← $5x + 5y = 1000$ 전체에 5를 곱했다.

그러므로 x 는 60, y 는 140.

사과 2개에서 '사과'를 떼어내듯이

이 가감법에 대해 생각해 보자. 가감법을 할 때 우리는 정확히 무엇을 생각하는가?

x 와 y 에는 별로 신경 쓰지 않는다. 우리는 사실상 다음과 같은 계산에 집중한다.

$$
\begin{array}{rrcr}
 & 25+25 & = & 5000 \\
+) & 25-25 & = & -2000 \\
\hline
 & 50 & = & 3000
\end{array}
$$

그렇다면, 우리가 생각하는 그대로 적어도 되지 않을까?

x 와 y 는 모두 빼고 실제로 계산해야 하는 숫자만 잘 쓰는 것이다. 불필요한 것을 빼고 핵심만 남겼다. 추상이다.

특히 다음과 같이 변수와 식들이 더 많을 때 그렇다.

$$2x-y+3z+4w=9$$

$$x+0y-2z+7w=11$$

$$3x-3y+z+5w=8$$

$$2x+y+4z+4w=10$$

변수가 x, y, z, w 로 4개이다. 4원1차 연립 방정식. 이런 연립 방정식을 풀 때 가감법으로 푼다고 생각해 보자. x, y, z, w 가 중요한 것이 아니라 각 숫자와 그 위치만 생각하면 된다.

이렇게.

$$
\begin{array}{cccccc}
2 & -1 & 3 & 4 & = & 9 \\
1 & 0 & -2 & 7 & = & 11 \\
3 & -3 & 1 & 5 & = & 8 \\
2 & 1 & 4 & 4 & = & 10
\end{array}
$$

만약 변수가 30개쯤 되면 더욱 이런 생략이 도움이 될 것이다.

여기에 헷갈리지 않도록 표시를 좀 하자. 어디서부터 어디까지가 1차식에서 뽑아낸 숫자들인지를 알 수 있도록 괄호를 붙인다. 동시에 불필요하게 4개나 되는 등호를 하나로 줄인다.

이렇게.

$$
\begin{pmatrix} 2 & -1 & 3 & 4 \\ 1 & 0 & -2 & 7 \\ 3 & -3 & 1 & 5 \\ 2 & 1 & 4 & 4 \end{pmatrix} = \begin{pmatrix} 9 \\ 11 \\ 8 \\ 10 \end{pmatrix}
$$

수학자들은 이것을 '행렬'이라 부른다.

앞에서 본 2원1차 연립 방정식을 행렬로 표시하면 다음과 같다.

$$
\begin{pmatrix} 5 & 5 \\ 25 & -25 \end{pmatrix} = \begin{pmatrix} 1000 \\ -2000 \end{pmatrix}
$$

알고 보면, '사과 2개'라는 생각에서 '사과'를 떼어낸 그 사고방식과 다를 바가 없다.

그리고 선형대수학이라는 수학이 나타난다.

단순함의 미덕도 얻었다.

단순할수록 더 좋다

'행렬'에서 '행'은 숫자들을 가로로 나열한 것을 말하고 '렬'은 세로로 나열한 것을 말한다. 흔히 우리가 '가로세로'라고 말하니, 그 순서로 뜻을 기억하면 된다.

여기서 이해하면 좋은 것은 두 가지다.

첫째, 핵심만 간단히 하는 사고방식에서 행렬이 나타났다.

여러분은 어떨지 모르겠는데, 나는 수학 교과서에서 이 행렬을 처음 봤을 때 싫었다.

"그냥 숫자만 가로세로로 늘어놓고, 끝? 이게 뭐란 말인가?"

그게 어떤 숫자들인지 써 놓지 않았다. 아무런 뜻이 없는 것으로 보였기 때문에 싫었던 것이다.

하지만 반대로 생각할 여지도 많다. 우리가 개인적인 메모를 할 때 그런 식으로 쓴다. 예를 들어 친구 은수를 3시 30분에 만나기로 하고 민수를 5시에 만나기로 했다면 다음과 같이 쓸 수 있다.

은수, 3:30

민수, 5:00

이것을 왜 굳이 다음과 같이 써야만 할까? (그럴 필요 없다.)

> 은수를 3시 30분에 만나고 그다음에 민수를 5시 정각에 만나기로 했다.

만나기로 한 사람이 10명쯤 된다고 해보자. 이때는 어떻게 할 것인가?

만약 그 약속들을 문장으로 쓴다면 오히려 더 알아보기 어려울 것이다. 핵심만 간단히 나열해야 한눈에 잘 들어온다.

단순함에 대한 거부감은 다른 분야에서도 쉽게 나타난다. 디자인을 처음 공부하거나 연습할 때도 마찬가지이다.

초등학생 시절에 디자인 학예발표회에 나갔을 때, 나는 도화지를 형형색색의 형태로 가득 채우려고 노력했었다. 거기서 가끔 상을 받을 수도 있다. 초등학생들은 모두 그렇게 하기 때문이다. 하지만 대학생 정도만 되어도 그런 식으로는 좋은 디자인을 창조할 수 없다. 이 장의 도입부에서 말했듯이 정갈하고 단순한 디자인이 필수적이다.

둘째, 가감법을 보자. 앞에서 우리는 이렇게 두 식을 더했다. (앞의 내용 일부를 다시 보자.)

〈가감법〉

$$
\begin{array}{rl}
 & 25x + 25y = 5000 \quad \leftarrow \ 5x + 5y = 1000 \text{ 전체에 5를 곱했다.} \\
+) & 25x - 25y = -2000 \\
\hline
 & 50x \qquad = 3000
\end{array}
$$

나는 중학생 때 이런 계산을 처음 보면서 놀랐다. 그리고 궁금했다.

"숫자가 아니라 식을 이렇게 더하거나 빼도 되는 건가?"

더하거나 빼는 것, 그리고 곱하거나 나누는 것은 모두 숫자를 가지고 하는 일이다. 하지만 식은 숫자가 아니지 않은가. 이등변 삼각형에서 정삼각형을 더하거나 뺄 수 없듯이 식을 더하거나 빼는 것도 잘못이지 않을까?

궁금했지만 아무에게도 묻지 못했다. 이것이 궁금해서 수학 문제를 못 푸는 것도 아니었으니, 다행이다.

답은 대학생 정도가 되었을 때 혼자서 발견했다. 식도 숫자(수, number)이다! 너무 쉬운 답이었지만, 내겐 중요했다.

$25x - 25y = -2000$ 에서 x 와 y 에 무엇이 들어가는가?

숫자가 들어간다. 무슨 숫자인지 몰라도 우리는 거기에 어떤 숫자가 있다고 생각한다. 그렇다면 그것을 25와 곱하고 또 다른 숫자를 뺀 것도 숫자가 된다. 더하거나 빼기를 못할 까닭이 없다.

더 나아가서 곱하기와 나누기도 얼마든지 할 수 있다. 그래서 처음에 $5x+5y=1000$ 전체에 5를 곱했었다.

마찬가지로 $25x-25y=-2000$을 5로 나누어 계산해도 된다. 다음과 같이.

〈가감법〉

$$
\begin{array}{rl}
 & 5x+5y=1000 \\
+) & 5x-5y=-400 \quad \leftarrow 25x-25y=-2000 \text{ 전체를 5로 나눴다.} \\
\hline
 & 10x \qquad =600
\end{array}
$$

그러므로 x는 60, y는 140.

이것이 더 쉬워 보인다.

극단적인 단순성, 함수

수학의 단순성을 보여주는 하나의 사례를 더 살펴보자. 이번엔 단순함 자체가 아니라 수학의 핵심 내용을 이해하기 위해서.

함수가 그것이다.

함수란 무엇인가? 그 정확한 개념 정의를 기억하는 사람은 많지 않을 것이다. 하지만 함수를 설명하는 다음과 같은 그림은 쉽게 떠오를 것이다.

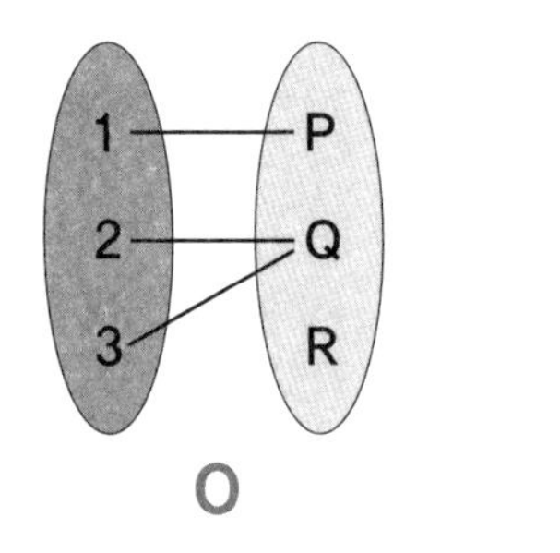

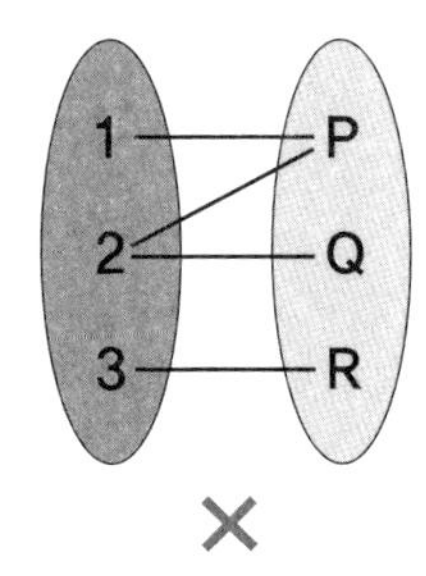

위의 그림을 이해한다면 함수의 개념을 정확히 이해한 것이다. X의 각각의 모든 원소에 Y의 어떤 한 원소가 대응되는 관계이다. 이 '대응 관계'가 함수이다.

나는 이 개념을 처음 배웠을 때 그것이 학생들을 위해 간략하게 설명한 개념일 것이라고 생각했다. 나중에 수학을 전문적으로 공부하게 되면?

"그게 무엇이든, 여기에 뭔가 더 자세한 내용이 덧붙을 것이다."

내 예상이었다. 그것은 틀린 생각이었다.

현대 수학에서 이 함수의 개념은 확정적이다. 세계 최고의 수학자도 함수를 똑같이 이해한다. 여기서 더 달라진다면, 그것은 더 무미건조한 표현을 사용한다는 것뿐이다.

행렬을 처음 만났을 때 느끼는 당혹스러움이 함수를 배울 때도 나타난다. 너무 단순해서 이것의 의미를 이해하기 어려운 것이다.

이것을 알고 나서 나는 또 이렇게 생각했다.

"수학자들은 쉽게 이해하는 단순한 사고방식이 내게는 참 어렵구나!"

이것 역시 틀린 생각이었다. 알고 보면 함수 개념을 발전시킨 수학자들도 우리와 똑같았다.

'함수'를 생각하면 가장 쉽게 떠오르는 것이 무엇인가?

우리는 직선으로 나타나는 1차 함수나 포물선으로 나타나는 2차 함수를 생각한다. 그리고 1차 함수나 2차 함수에서 '대응 관계'라는 개념을 생각하는 데에 어려움을 겪는다.

함수 개념이 발전하는 과정을 보면 수학자들 역시 바로 이 점에서 어려움을 겪었다.

17세기(1600년대)부터 간단히 보자.

17세기 이전에는 아예 함수라는 단순 개념을 명확히 생각하지도 못했다.

제일 처음 함수를 생각한 사람은 데카르트였고, '함수function'라는 용어를 처음 쓴 사람은 라이프니츠였다. 1692년이었다.

당시에 수학자들은 함수가 운동을 수학적으로 표현하는 것이라고 생각했다. 예를 들어 뉴턴은 함수가 시간 t에 따라서 물체의 위치 y가 달라지는 것이라 생각했다. (사과 2개를 생각한 것과 같다.)

그러다 18세기(1734년) 오일러 시대에 와서 한 단계 발전했다. 함수가 x와 y의 관계를 나타내는, 그래프가 매끄러운 연속 곡선이라고 생각한 것이다. 운동을 나타내는 그래프만이 아니라 모든 매끄러운 그래프가 함수이다.

이 단계에서 '운동' 개념이 떨어져 나가고 좀 더 단순해졌다는 점을 기억하자. (사과 2개가 아닌 '2개'를 생각한 것과 같다.)

19세기에는? '매끄러움'과 '그래프'라는 개념도 떼어내고 함수는 더 단순해졌다. 코시(Cauchy, 1789~1857)가 정의한 함수의 예는 이렇다.

> 여러 개의 변수 사이에 어떤 관계가 있어서, 그중 한 개의 값에 따라 다른 것의 값이 정해질 때 뒤의 것이 앞의 것의 함수이다.

20세기 현대 수학에서는 어떤가?

y의 값이 x의 값에 따라 달라진다는 생각, 그것마저 떼어냈다. 아마도 이 점이 우리에게는 가장 어렵게 느껴지지 않을까 싶다. 그래서 '대응 관계'라는 용어가 나타난다. (비유하자면, 마침내 추상적인 '2'의 개념에 도달했다.)

이 과정에서 걸린 시간도 살펴보자.

전체적으로 20세기 기준으로 300년이 걸렸다. 한 단계씩 개념이 단순해질 때마다 100년씩 걸린 셈이다. 그나마 '함수'라는 추상적인 개념이 등장한 이후부터만 따져본 것이다.

이걸 보면 알 수 있는 것은?

유명한 수학자들도 지금 우리가 배우는 것을 처음 배웠더라면 우리처럼 이해하지 못했을 것이다.

나는 이 역사를 알고 조금 안심되었다.

'우리와 수학자들의 사고력이 그렇게 다르지 않다!'

6장

수학의 신비

숫자가 무한하다는 것의 신비

수학의 패턴에는 쉽고 단순하다는 것 이상의 신비함이 있다.

이 점에 주목한다면 우리는 수학에서 또 다른 재미를 발견할 수 있다.

대단히 복잡한 수학 공식을 언급할 필요도 없다. 숫자가 무한히 많다는 점만 봐도 신비하다.

(수학에서 엄밀히 말해 '숫자'와 '수'는 다르다. 하지만 혼동의 위험이 없을 때는 그냥 구분하지 않고 쓰겠다.)

숫자가 무한히 많다는 것에 어떤 신비함이 있는가?

우리 모두는 숫자가 무한히 많다는 것을 알고 있다. 어렴풋이 알고 있는 것이 아니라 쉽게, 그리고 명백하게 알고 있다. 누군가가 아무리 큰 숫자를 말하더라도 다른 누군가는 그보다 더 큰 숫자를 골라낼 수 있으니까.

그런데 우리는 이것을 어떻게 알까?

숫자가 무한히 많다는 것을 세어본 사람은 아무도 없다. 우리는 그런 사람이 없다는 것조차 분명하게 알고 있다. 하지만 놀랍지 않은가? 아무도 확인해 보지 못한 것을 우리 모두가 명확하게 알고 있다는 사실이 말이다.

게다가 우리는 직접 경험해본 사실보다 더 명백하게 알고 있다.

수학이 아닌 다른 경우와 비교해 보자. 실제로 있었던 한 사업가의 이야기이다.

어떤 사람이 서울의 한 은행에서 돈을 빌려 조그만 사업을 하고 있었다.

그런데 갑자기 6·25 전쟁이 발발하고 북한군을 피해 급히 피난을 떠나게 되었다. 피난길에 오르기 위해 준비하던 그 사람은, 문득 은행에서 빌린 돈을 갚을 날짜가 된 것을 기억해 냈다.

그는 즉시 돈을 준비해서 은행에 찾아갔다.

"빌린 돈을 갚으러 왔습니다."

은행 직원이 가방에서 돈을 꺼내는 그를 보고는 놀라서 물었다.

"아니, 이 전쟁 통에 빌린 돈을 갚으러 오셨다고요? 북한군을 피해 은행에서는 대출 장부를 부산으로 보냈고, 그 와중에 일부는 잃어버린 내용도 있어요. 그래서 다른 사람들은 돈을 갚지 않을 기회라고 생각들 하는데……."

그는 은행 직원의 말을 듣고 잠시 고민했다. 하지만 그래도 돈을 갚기로 결심했다.

"그래도 갚을 돈은 갚아야죠. 은행 직원이시니, 돈을 받았다는 영수증을 한 장 써 주세요."

그렇게 그는 돈을 갚고 영수증을 받았다. 그리고는 피난길에 올랐다.

몇 년 후 전쟁이 끝나자 그는 새로이 사업을 시작하게 되었다. 군부대에 생선을 공급하는 일이었는데, 사업이 번창해 큰 배를 구입해야 하는 상황에 이르렀다.

그는 자금 마련을 위해 부산에 있는 은행을 찾아가 돈을 빌려 달라고 융자를 신청했다. 그러나 은행 창구 직원의 반응은 냉담했다.

"융자는 곤란합니다. 현금 재산도 없으시고, 담보가 될 만한 부동산도 없으시네요."

당시 우리나라는 전쟁 직후라 모두가 가난했고, 사업 성공은 매우 불확실했다. 은행 입장에서는 돈을 빌려준 후 나중에 돌려받을 수 있으리라 장담하기 어려웠다.

낙담한 그는 융자를 포기하고 은행을 나올 수밖에 없었다.

그러다 문득 한 가지 확인하고 싶은 것이 생각났다. 그는 다시 은행에 들어갔다.

"제가 예전 피난길에 영수증만 받고 은행에서 빌린 돈을 갚았던 적이 있는데, 그건 잘 정리되었나요?"

간직했던 영수증을 내밀며 그가 물었다. 순간 모든 상황이 뒤바뀌었다.

"세상에…… 바로 당신이군요!"

영수증을 확인한 은행 직원이 눈을 크게 뜨며 소리쳤다.

"피난 중에 은행 빚을 갚은 사람이 있다는 이야기를 들었었는데, 제가 그런 분을 직접 만나다니!"

직원은 당장 그를 은행장의 방으로 모시고 갔다.

"아까 융자를 원하신다고 하셨죠? 이리로 와 주십시오."

은행장 역시 그에게 존경을 표하며 융자를 승인했다.

"당신처럼 정직하고 신뢰할 만한 사업가는 처음 봅니다. 융자는 걱정 마십시오."

이후 그는 은행의 신용과 스스로의 책임감 있는 노력을 바탕으로 사업에도 성공했다.

정직은 반드시 더 큰 행운으로 돌아온다는 교훈을 주는 이 이야기의 주인공은 한국유리공업 주식회사의 설립자인 최태섭 회장이다.

짧지만 감동적인 이야기다. 그리고 실화다.

그럼 이 실화를 읽고 우리는 정직의 가치를 얼마나 확신할 수 있을까? 현실에서 많은 사람들은 정직의 가치에 대해 의문을 품는다. 실제로 정직하게 행동하지 않는 것이다.

그에 비해 자연수가 무한히 많다는 사실에 대해서는 누구도 의문을 품지 않는다. 숫자가 생각보다 많지 않을 거라 여기면서 그에 따라 행동하는 사람은 없다.

어떤 사람이 직접 경험한 진리보다도, 아무도 확인한 적이 없는 수학의 진리를 더 명백하게 알고 있는 것이다. 게다가 이것은 옳다.

신비하지 않은가?

패턴, 규칙성을 활용하면?

수학을 공부하여 무엇을 얻는가? 매우 논리적이고 창의적인 사고력을 얻을 수 있다.

하지만 당장 배우는 것은 '공식'이라 불리는 패턴이다. 수(숫자)도 패턴이다. 다만 곧장 그 의미를 알기에는 너무 단순하다. 공식은 잘 모르고 배우면 어렵고 까다롭지만, 알고 보면 모든 것에 적용할 수 있는 유용한 규칙들이다.

우리는 어린 시절부터 수학 공부를 하면서 이런 패턴에 집중하도록 배운다. 거기에서 엄청난 사고력, 즉 힘이 생긴다.

그런 패턴들을 이용하면 우리도 가우스 흉내를 제법 낼 수 있다.

예를 들어 다음과 같은 계산을 한다고 해보자.

$$192 \times 208 = ?$$

계산기 없이 생각하자면 상당히 복잡하고 까다로워 보인다.

하지만 간단히 계산하는 방법이 있다.

$$\begin{aligned} 192 \times 208 &= (200-8) \times (200+8) \\ &= 40000-64 \\ &= 39936 \end{aligned}$$

곱셈 공식 $(a+b)(a-b) = a^2 - b^2$ 을 활용하는 것이다.

고등학교를 졸업한 한국인이라면 누구나 이 공식을 뼛속 깊이 기억하고 있다. 하지만 이런 문제에 그 공식을 써먹을 수 있는 사람은 많지 않을 것이다.

나 역시 어떤 책에서 곱셈 공식을 이렇게 활용하는 것을 보고서 가끔씩 따라 하게 되었다.

이보다 간단한 예도 있다.

수학적인 패턴 인식 능력으로 복잡한 계산을 손쉽게 해결하는 예.

$$1{,}200 \times 0.75 = ?$$

나는 이 문제를 소수점 이동을 통해서 좀 더 간단하게 만들려고 했었다.

$$
\begin{aligned}
1,200\times0.75 &= 12\times100\times0.75\\
&= 12\times75\\
&= \cdots\cdots
\end{aligned}
$$

그런데, 더 영리한 친구는 다음과 같이 풀더라.

$$
\begin{aligned}
1,200\times0.75 &= 1,200\times\frac{3}{4}\\
&= 300\times3\\
&= 900
\end{aligned}
$$

그렇다, 0.75는 분수 $\frac{3}{4}$인 것이다!

여기서 우리는 산수 계산 능력과 패턴 인식 능력의 차이를 엿볼 수 있다.

더불어, 가우스나 오일러 정도의 천재가 아니더라도 수학적인 패턴을 배워서 수학의 묘미를 즐길 수 있다.

나름대로 재미있다.

이렇게도 생각할 수 있구나!

수학적 패턴 인식에서 무엇을 얻어야 하는가?

수학의 지식 안에 들어 있는 놀라운 창의성과 상상력이다. 수학자

드 모르간 역시 "수학적 발견의 원동력은 논리적인 추론이 아니고 상상력"이라고 강조했다.

진짜 마법 같은 창의적인 사고력이 수학 안에 있다. 이것을 이해할 때 우리는 경험해야 한다.

"아, 이렇게도 생각할 수 있구나!"

이런 감탄사를 스스로 내뱉는 것이다.

어느 대기업의 면접관이 입사 지원자들에게 다음과 같은 문제를 제시했다.

> 비가 몹시 내리는 날 당신은 자가용을 몰고 가다 정류소에서 버스를 기다리는 세 사람을 발견한다.
>
> 한 사람은 몸이 약한 노인으로서 금방이라도 쓰러질 듯 힘든 모습이다. 당장 병원으로 데려가야 할 처지다. 두 번째는 의사인데, 그는 과거에 당신의 생명의 은인이다. 이렇게 비가 쏟아지는 날 그를 태워 모시면 당신은 그에게 은혜를 갚을 수 있다. 마지막 사람은 꿈꾸고 사모하던 당신의 이상형 여인이다. 지금 여기서 그녀를 놓치면 언제 다시 만날지 기약할 수 없다.
>
> 그런데 당신의 자가용에는 오직 한 사람만 태울 자리가 있다. 당신은 어떻게 할 것인가?

그 회사에 취업한 사람 중 한 명의 답안은 이랬다.

"자동차 열쇠를 의사에게 줘서 노인을 태워 빨리 병원에 데려가게 하고 나는 내려서 여인과 함께 버스를 기다립니다."

이 창의적인 답안에 나는 감탄했다. "아, 이렇게도 생각할 수 있구나!"라고. 많은 사람들이 나와 같았을 것이다.

이런 창의적 답안이 수학에 많이 있다.

물론 앞의 면접 문제처럼 감성적이고 친근하지는 않다. 하지만 그 차이뿐이다.

간단하고 쉬운 예는 삼각형의 면적에 관한 것이다.

우리는 삼각형의 밑변과 높이가 같으면 모양이 아무리 달라도 그 면적이 같다는 것을 배웠다. 그런데 다음 그림에서 삼각형 A와 B가 같다는 것을 어떻게 증명할 수 있을까?

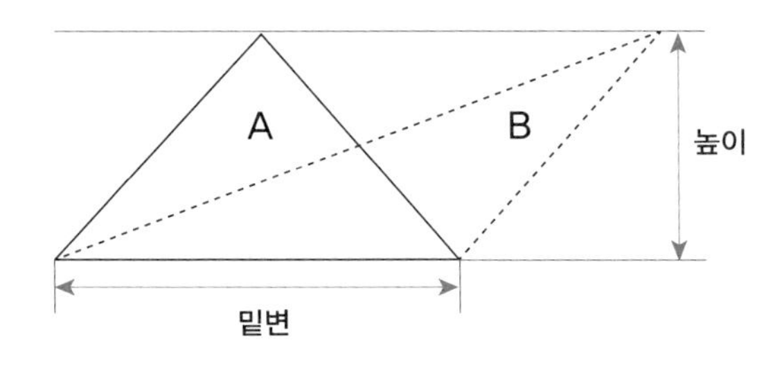

A를 기울여서 B를 만들면 모양새가 달라진다. 하지만 이것만 봐서

는 A와 B의 두 삼각형 면적이 같을지 다를지 아리송하다.

내가 어렸을 때 그 증명법을 생각해 보니 쉽지 않았다. 간단한 문제이니 한눈에 보이도록 증명하는 방법이 필요했다. 수학자들은 바로 이것을 해낸다.

고대 수학자들의 방법은 이랬다.

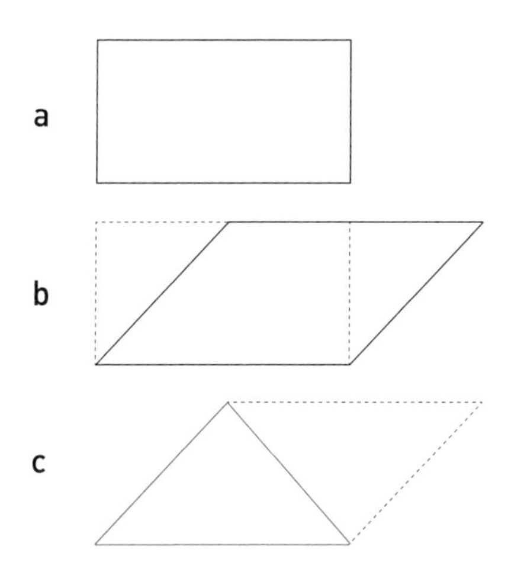

나는 삼각형만 가지고 생각했다. 그래서 증명에 실패했다.

그런데 두 번째 b 그림처럼 평행사변형으로 생각하면 한눈에 답이 명확해진다. 이쪽 부분을 떼서 저쪽에 그대로 붙인다는 것을 볼 수 있다. 즉 a와 b의 면적이 같다. 그리고 삼각형은 그 평행사변형 면적의 반이다.

머릿속에서 삼각형만 가지고 생각하며 어려워했던 나는 이때도 감탄했다. "이렇게도 생각할 수 있구나!"

이런 사고 훈련은 중학교 수학에서 도형(기하학) 증명을 할 때 보조선을 긋는 과정으로 연습하게 된다.

고정관념에서 벗어나기

문제 해결을 위해서는 핵심만 간단히 해야 한다. 단순하게 생각해야 하는 것이다.

문제 해결과 단순함의 관계는 짧은 말로 증명할 수 있다. (수학적이라기보다는 철학적 증명이다.)

> 해결해야 하는 문제는 복잡하다. 그렇기 때문에 문제로 남아 있다. 복잡한 문제를 복잡하게 파악하면 해결되지 않는다. 복잡하지 않게 파악해야 해결할 수 있다. 그것은 단순하게 파악하는 것이다.

하지만 단순하게 생각하는 것은 생각보다 어렵다. 복잡한 생각보다도 때로는 어렵다.

베르나르 베르베르의 유명한 소설 《개미》에도 나오는 다음의 퀴즈(오른쪽 위)가 그것을 보여준다.

힌트는 다음과 같다. — '단순하게 생각하라.'

〈생각 퀴즈〉

다음에 나오는 숫자는 무엇일까?

1

1 1

1 2

1 1 2 1

1 2 2 1 1 1

1 1 2 2 1 3

1 2 2 2 1 1 3 1

?

이 퀴즈를 처음 보는 독자들이 있을 것이다. 그래서 여유를 가지고 퀴즈를 생각할 수 있도록 잠시 후에 답을 말하겠다.

왜 단순하게 생각하는 것이 어려울까?

우리의 생각이 원래 적당히 복잡하기 때문이다.

하나의 생각은 다른 생각에서 출발하고 우리가 보고 들은 경험에 의존한다. 그것들을 때로는 '고정관념'이라고도 부른다. 단순하게 생각한다는 것은 고정관념을 없애는 것이다.

고정관념을 벗어난 생각의 어려움을 보여주는 일화가 있다.

1969년 미국의 나사에서는 우주비행사를 달에 보내려 했다. 그런데 볼펜이 우주선에서 사용할 수 없음을 알게 되었다.

볼펜은 잉크가 밑으로 내려와서 볼펜심 끝의 볼에 묻어 나와야 글씨를 쓸 수 있다. 잉크를 밑으로 내리는 힘은 중력이다. 무중력 상태인 우주에서는 당연히 볼펜을 사용할 수 없다.

그래서 나사는 10년 동안 120만 달러의 막대한 비용을 들여 우주뿐만 아니라, 물속 등 어느 장소에서나 쓸 수 있는 볼펜을 마침내 개발해 냈다.

그러나……

러시아의 우주비행사들은 그냥 연필을 쓴다.

무중력 상태에서는 볼펜을 쓸 수 없다. 어떻게 해야 하지? 여기서 '볼펜'에 매달리는 것이 고정관념 중의 하나이다.

앞의 생각 퀴즈 답도 이런 고정관념에서 벗어나야 찾을 수 있다.

여기서는 무엇이 고정관념인가? 숫자는 계산하는 것이라는 생각, 숫자들이 나열되어 있으면 그것은 더하기나 곱하기 같은 계산에 따라서 나열되었을 거라는 생각이 고정관념이다.

그 생각을 버리자. 눈에 보이는 것을 더 단순하게 생각하자. 1 다음에 11…… "1이 하나란 뜻일까?", "그렇다면 11 다음에는 1이 두 개이니까 12?" 여기에 도달하면 문제는 해결된다. 결국 이 퀴즈의 답은 1123123111이다.

고정관념에서 벗어나기는 쉽지 않다. 미국 나사의 연구원들은 바보가 아니다.

오로지 고정관념에서 벗어난 후에만 그것에서 탈피하는 것이 쉬워 보인다.

우리는 이것을 알고, 수학에서 이해하기 어려운 부분을 공부하는 도구로 써야 한다.

다음 유머에서는 대답하는 사람이 수학의 고정관념을 벗어나 생각했다. 아니, 그냥 몰라서 그런 것일까?

♣ 몇 번이나 뺄 수 있나?

"83에서 몇 번이나 7을 뺄 수 있나요? 그리고 그때 얼마가 남나요?"

"언제든지 7을 뺄 수 있고, 그때마다 항상 76이 남습니다."

원의 면적에 숨은 창의성

원의 면적이 πr^2 이라는 것을 증명하는 방법도 창의적이다.

우리는 원의 면적을 계산하는 다음 공식을 잘 알고 있다.

$$S = \pi r^2$$

그런데 수학자들은 처음에 이 공식을 어떻게 알아냈을까?

원주율 파이 값 3.14……를 알아서 계산해 보니까 원의 면적이 나오더라? 이런 식으로 알아내지는 않았을 것이다.

파이 값이 얼마인지와는 무관하게 원의 면적 공식을 알 수 있다. 창의적인 패턴 인식으로 말이다.

아래의 그림이 그 사고방식을 보여준다.

원주율 파이 값을 잘 모른다고 하자. 그게 아마도, 지름의 4배는 안 될 것 같고, 3배 가까이 될 듯도 하고 아닌 듯도 하다.

몰라도 상관없다. 어쨌든 원의 지름을 R(대문자)이라 할 때 원둘레는 πR이다. 왜? 원주율 π라는 것은 지름의 길이에 대한 원둘레의 비율이기 때문이다. 그래서 '원둘레의 비율'이라는 뜻으로 '원주율'이라고 부른다.

알고 보면 그 말이 그 말이다. 동어반복.

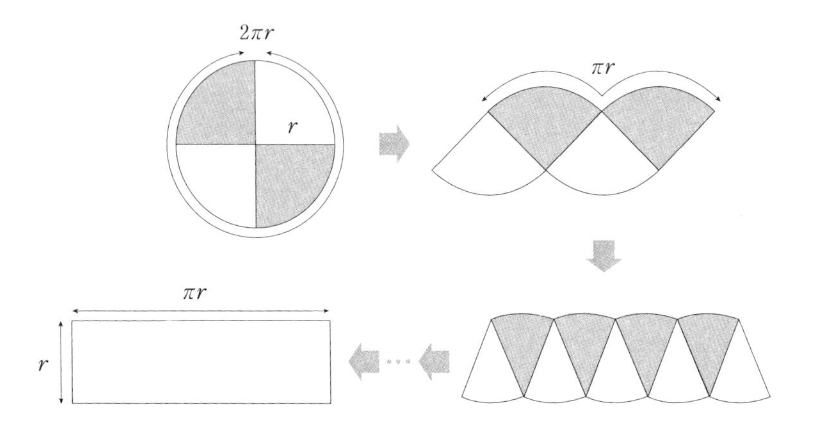

반지름을 r이라 하자. 그러면 지름은 반지름의 2배이므로 $2r$.

이제 원을 부채꼴 모양으로 4등분 해 배치한 것을 사각형에 수렴하게끔 계속 잘라 나가자. 그러면 결국 원의 면적은 그림의 마지막 직사각형과 같음을 알 수 있다.

여기서 폭은 πr이고 높이는 r이다. 그러니 면적은 $\pi r \times r = \pi r^2$이 된다.

왜 그런지 알 수 없었던 원의 면적 공식이 매우 당연하게 이해되었다.

이처럼 '감탄할 만한 생각 방법'이 수학의 곳곳에 들어 있다.

생각하기에 따라서 참 재미있다.

다만 그런 생각들이 겹겹이 쌓여 어려울 때가 많다.

밑변과 높이가 같으면 모양이 달라도 왜 삼각형의 면적이 같은가라는 문제나, 원의 면적이 왜 πr^2인가라는 문제, 그리고 이 각각의 해결책들은 단순해서 이해하기가 쉽다. 그래서 감탄할 여력이 있다.

하지만 직교좌표계에 대해서 극좌표계를 생각해 내거나, 미분 적분의 기호체계를 하나의 변수처럼 다룰 수 있게 만든 라이프니츠의 사고방식 등은 이해하기가 쉽지 않다.

그러나 알고 나면 모두가 매우 창의적이고 천재적인 사고방식들이다.

| 실무한과 가무한

우리는 무한한 수의 신비함을 짚어봤다. 그리고 삼각형의 특징과 2+3=5와 같은 산수 계산도 생각해 보았다.

이처럼 신비한 사실을 하나만 더 설명하겠다. 실무한과 가무한.

실무한은 '실재實在 무한'이다. 한 자를 줄여서 '실무한'이라 한다. 무한이 실제로 있다는 뜻이다.

가무한은 '가능 무한'이다. 역시 한 자를 줄여서 '가무한'이라 한다. 무한이 아직 존재하지 않고 가능하기만 하다는 뜻이다.

둘의 차이가 뭘까? 나는 처음에 이런 구분을 보고 한참 동안 이해할 수 없었다.

그 차이를 설명하겠다.

숫자가 무한히 많다는 것을 아는 것, 그때 우리는 가무한을 안다.

자연수를 생각하고 있다. (실수는 실무한에 속한다.) 우리는 자연수가 무한히 많다는 것을 알지만, 그 끝을 알지 못한다. 아무리 큰 자연수를 생각하더라도 더 큰 자연수를 다시 떠올릴 수 있다. 거기에 최소한 1을 더하면 되니까. 무한히 더 커질 수 있을(가능성) 뿐이기 때문에 '가능 무한', 즉 '가무한'이라 한다.

핵심은? 끝을 알지 못한다는 것이다.

무한하다는 것을 알지만 무한한 전체를 알지는 못한다. 이것이 진짜로 무한을 아는 것일까? — 이에 대해 수학자와 철학자들은 '아니다'라고 말한다. 실제로는 항상 유한한 것을 알고 있다. 이것이 진실이다. 단지 더 커질 수 있다고 생각할 뿐이다.

반면에 실무한은? 무한의 끝이 바로 여기에 주어져 있다.

의문이 생기지 않는가?

"무한의 끝이 어떻게 '바로 여기에' 있을 수 있지?"

구체적인 예를 봐야 한다. 제논의 패러독스를 말하지 않을 수 없다.

수학에 관심 있는 독자들이라면 다른 책에서도 제논의 패러독스에 대해 읽은 적이 있을 것이다.

기본 개념은 간단하다.

거북이와 아킬레스가 달리기를 한다. 왜 거북이와 아킬레스인가?

거북이는 아주 느리게 움직이는 주인공이고, 아킬레스는 달리기가 아주 빠른 주인공이다. 아킬레스는 고대 그리스 사람들이 생각한 달리기 선수의 대명사였다. 오늘날 우리가 달리기 올림픽 금메달리스트를 생각하는 것처럼.

둘의 속도가 다르므로, 이를 보완하고자 출발점을 달리한다. 아킬레스가 저만치 뒤에서 출발하는 것이다. 그리고 출발 신호에 따라 동시에 달리기 시작한다.

거북이는 매우 느리고 아킬레스는 충분히 빠르다. 따라서 잠시 후에 아킬레스가 거북이를 따라잡을 것이다.

그런데 제논의 패러독스는 그럴 수 없다는 논리를 편다. 왜 그런가?

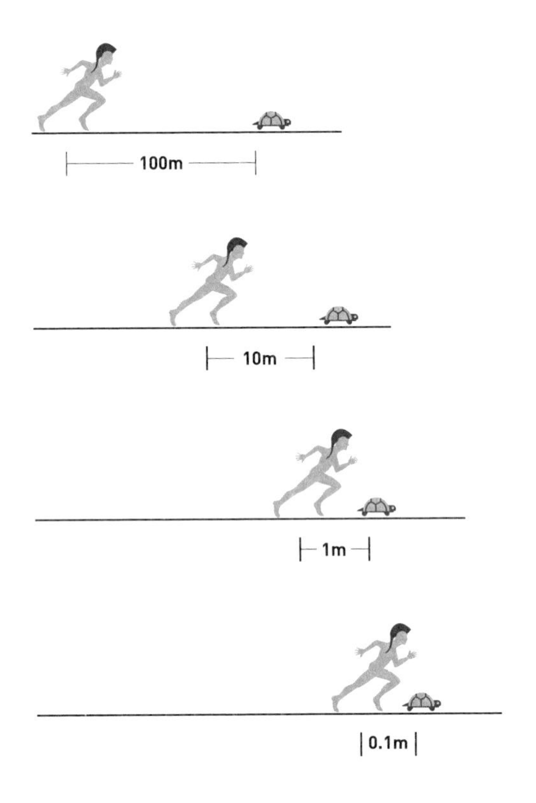

제논의 패러독스에 따르면 아킬레스는 거북이를 따라잡을 수 없다.

아킬레스가 거북이를 따라잡으려면 일단 거북이가 있는 위치까지 와야 한다. 그런데 그동안 거북이는, 비록 속도가 느릴지라도 어느 정도 앞으로 나아간다. 그럼 아킬레스는 다시 거북이가 있는 위치까지 달려가야 한다. 물론 아까보다는 시간이 짧을 것이다. 하지만 그동안에도 역시 거북이는 앞으로 나아갈 것이다.

그리고 이 과정은 무한히 반복되어야 한다.

그렇게 무한히 반복될 수 있다는 것, 우리는 '신비하게도' 그것을 분명히 안다.

'무한히' 반복되므로 아킬레스는 거북이를 따라잡을 수 없다는 논리이다.

패러독스에서 발견하는 수학

제논의 증명, 논리적으로는 말이 된다. 하지만 실제로는 아킬레스가 거북이를 금방 따라잡을 수 있다.

논리는 현실적으로 옳기 위한 것이다. 그런데 현실과 반대된다. 이렇게 앞뒤가 맞지 않는 생각을 '패러독스'라고 한다. 한편 '제논'이라는 사람이 이 문제를 남겨서 '제논의 패러독스'라 부른다.

이 논리에 무한이 포함되어 있다. 아킬레스가 앞에 있는 거북이의 위치에 도달하는 과정이 무한히 반복된다는 것.

그리고 실무한의 존재를 보여준다.

아킬레스가 앞서 나간 거북이에게 다가가는 과정은 실제로 끝난다. 무한히 반복되는 것이 한꺼번에 존재하는 것이다. 실무한이다.

이 점을 좀 더 상세히 짚어 보자.

정말 아킬레스는 거북이를 따라잡지 못하는가? 그렇다. 단, 제한된 시간 동안만 그러하다. 무슨 말인가?

아킬레스가 앞선 거북이가 있는 위치까지 도달하는 시간은 점점 짧아진다. 처음에는 5초 걸리던 것이 그다음에는 1초 걸릴 것이고, 그 다음에는 0.2초 걸릴 것이다. 패러독스의 논리대로 아킬레스가 거북이의 위치까지 가는 과정이 무한히 반복되지만, 여기에 소요되는 시간도 무한히 짧아진다.

이 시간들을 모두 합하면 무한히 많은 시간을 합한 것이다. 하지만 일정 시간을 넘지 않는다. 예를 들어 5초에서 1초, 1초에서 0.2초로, 매번 1/5의 시간으로 줄어든다면 전체 걸리는 시간은 6.25초를 넘지 못한다. 현실적으로는 6.25초가 되었을 때 아킬레스가 거북이를 따라잡는 것이다.

무한히 작아지는 시간들, 그러면서도 무한히 많이 있는 시간들이 합쳐져서 눈앞에 뚝 떨어진다.

아킬레스가 거북이를 따라잡는 과정, 제한된 시간 안에 갇혀 있는 이 무한 반복 과정은 아킬레스 입장에서 가무한이다. 하지만 아킬레스가 거북이를 따라잡았을 때 그것은 실무한이다.

이것은 나중에 적분 개념으로 이어진다.

실무한의 또 다른 사례를 우리는 앞에서도 보았다. 바로 원의 면적을 계산하는 방법이다.

거기서도 우리는 부채꼴을 무한히 많이 잘라 나가는 과정을 보았다. 하지만 어느 순간 그것을 완료해서 직사각형에 도달했다. 그렇다면 이것은 실무한이다.

제논의 패러독스는 2천 년 동안 학자들이 논의해 온 문제이다.
그만큼 여러모로 따져볼 측면들이 많다. 긴 이야기이다.
그 모든 재미를 여기서 짧게 풀 수 없어서 아쉽다.

수학, 유머, 창의성

수학자들이 창의적이지만, 수학자들만 창의적인 것은 아니다. 일반적으로 사람들의 창의성은 상상을 뛰어넘는다. 유머에서도 그것을 볼 수 있다.

그리고 놀랍게도 수학 유머도 있다. 아니, 어쩌면 당연한가?
내가 솔깃했던 수학 유머를 두 개만 소개하겠다.

♣ 에스키모의 파이

모두가 아는 사실이지만, 추운 곳에서는 모든 것이 줄어든다.
그래서 아주 혹독한 겨울이 되면, 알래스카에서는 파이의 값이 3.00이 된다.
그들은 그것을 '에스키모의 파이'라고 부른다.

그냥 재미있다. 그렇지 않은가?
재미를 느끼는 것으로 충분하지만, 나같이 논리학을 전공한 사람들은 이것을 하나하나 뜯어보는 습관이 있다.

이 유머는 왜 재미있을까, 어떤 점이 재미있을까, 이런 생각을 해보는 것이다.

우리는 수학에서 배운 원주율 파이(π)가 물질이 아니라는 것을 안다. 그래서 날씨나 온도에 영향을 받지 않는다는 것 역시 안다.

하지만 유머에도 일리가 있다. 우리를 빙긋 웃게 만드는 논리.

그것은 추워지면 '모든 것'이 줄어들고, 파이도 그중 하나라는 것이다. 파이는 먹는 음식의 이름이기도 하지 않은가.

원주율 파이가 3.14…인데, 이것이 줄어든다면 3.00까지는 줄어들겠지.

여기에 우리의 기대도 살짝 덧붙는다.

"그래, 원주율 파이가 3이었다면 수학 시험에서 계산이 훨씬 편했을 텐데!"

이렇게 기대에 어울린 감정이 깃든 수학 유머이다.

하지만 문제가 있다.

유머 코드가 수학의 바깥으로 나갔다. 수학 안에는 재미가 없을까? 내가 본 유머 중에 수학의 내용을 활용한 것에는 이런 게 있다.

♣ 다이어트에 대한 수학적 고찰

여성들이 다이어트에 도전하지만 실패하는 이유를 수학적으로 해석하면?

다이어트는 시간의 함수이다.

시간이 지날수록 다이어트의 효과가 나타난다는 말이다. 오늘 다이어트를 시작한 사람의 체중이 내일 당장 줄거나 늘지는 않는다. 꾸준히 지속적으로 다이어트를 해야 효과를 보며, 더 오래 할수록 더 큰 효과를 본다. 이것이 다이어트가 시간의 함수라는 말의 뜻이다.

그러므로 $f(t) = diet$라 놓자.

이제 잠시 다이어트를 해보자. 며칠 정도라도 좋다.

짧은 시간의 효과를 확인하는 수학적 방법이 미분이다. 그래서 $f(t)$를 t에 대해 미분하면 $f'(t) = die$ 이다.

다이어트는 죽을 만큼 힘들다는데, 역시나 다이어트의 순간적인 효과는 죽는 것(die)이었다.

안 되겠다. 회복해야 한다. 살아야 하니까.

미분을 회복하기 위해서는 적분해야 한다. 그래서 다시 t에 대해 부정적분하면 $\int f'(t)\,dt = diet + C$ 이다.

이런! 없던 상수 C가 생겼다.

이와 같이 다이어트를 하면 죽게 되고, 안 죽었다 할지라도 C 만큼 살이 찌게 된다.

단, C가 음수이면 살이 빠진다. 그래서 성공하는 사람도 있다.

누구인지는 모르겠지만, 이 유머를 만든 사람에게 찬사를 보낸다. 하지만 또 다른 아쉬운 점이 있다. 미분과 적분을 공부해야만 이 유머를 이해할 수 있다. 내가 고등학생 때인 1980년대에는 인문계 학생들까지도 기본적인 미분 적분을 공부했었다. 하지만 지금은 인문계 수학에서 이것이 빠져 있다.

때문에 많은 사람들이 이 유머를 이해하지 못할 것이다. 유머를 이해하기 위해서는 이야기가 가정하는 경험을 공유해야 하는데, 수학 유머에서의 경험이라면 곧 수학 공부와 지식일 테니까.

그런데 유머에는 어떤 패턴이 있을까?

모든 유머에 적용되는 규칙성, 그런 것이 있을까?

유머든 뭐든, 어떤 것들의 패턴을 탐구한다면? 수학적인 생각이 될 수 있다.

❙ 수학, 평범한 진리의 힘

수학의 가장 매력적인 부분은 이렇게 말할 수 있다.

① 극히 평범하고 당연한 진리를 반복해서

② 신비한 힘을 쏟아낸다.

보다시피 이 매력은 두 부분으로 구성되어 있는데, ②의 신비한 힘을 쏟아내는 것은 수학이 창조한 인류 문명에서 볼 수 있다. 그러니

앞부분인 '평범하고 당연한 진리를 반복하는 것'을 살펴보자.

수학은 누구나 이해할 만한 매우 평범하고 당연한 진리들로 결합된 지식 체계이다. 이 부분이 자칫 수학이 재미없다고 느끼는 이유로 이어지기도 한다.

하지만! 평범하고 당연한 진리가 가장 힘이 세다. 강력하다. 사람들이 잘 인식하지는 못하지만, 항상 그렇다.

반대로 특이하고 이상한 진리는 사실상 허구에 가깝다.

식당에서 어떤 사람이 초능력을 쓰는 것을 보면 어떨까? 정말 영화에서나 본 것처럼, 화가 난 여성이 덩치 큰 남성에게 손을 뻗자 염력으로 그 남자가 허공에 떠오른다. 그녀가 소리를 지르자 선반 위의 책들이 모두 바닥에 떨어진다. 실제로 미국에서 그런 일이 있었다. 그것은 영화 홍보용 몰래카메라였다.

점술이나 심령 체험, 기적도 그런 특이하고 이상한 진리이다. 잘 따져보면 허구에 가깝다. 그런 이상한 진리가 큰 힘을 발휘하더라도 아주 드문 경우에 한한다.

평범한 진리가 강력하다는 것, 이건 내가 철학 강의를 하면서 자주 지적하는 것이다. 그런데 수학에서 특히 도드라지게 맞아떨어진다.

수학의 기초인 공리를 보자.

유클리드 기하학의 공리 중 하나인 "모든 직각은 같다.", 산술 체계의 공리 중 하나인 "1 앞에는 다른 자연수가 없다.", 모두 당연하고 평범하다. 너무나 그렇다. 허망하게 보일 정도다.

공리에서 정리를 추론하는 연역도 당연하고 평범하다. 동어반복.

당연한 진리를 깊이 안다는 것에는 심오함이 있다. 그것은 깊은 무의식 속의 논리적 작용을 밝혀내는 것과 같다.

언어학자들과 인공지능학자들은 오랫동안 인간이 어릴 때 모국어를 배우는 메커니즘을 알아내고자 했다. 하지만 아직도 그것을 완벽하게 이해하지 못했다. 그들이 그걸 알아냈더라면 우리는 벌써 인간과 똑같은 언어 능력을 가진 기계들을 사용하고 있을 것이다.

이에 비해 수학적 계산의 배후에 있는 무의식적 논리는 좀 더 많이 이해하고 있는 것으로 보인다.

나는 이것을 '논리적 무의식'이라고 부르기도 한다. 그것은 논리적인 사고방식의 배후에 있는 근본적인 규칙(사고 패턴)이다. 유클리드 기하학의 공리는 우리가 도형에 대해서 추론할 때의 논리적 무의식이라 할 수 있다.

논리적 무의식을 밝혀낸 것 중에서 아마 가장 놀라운 것은 아리스토텔레스(Aristotle, 기원전 384~322)의 업적일 것이다.

아리스토텔레스는 서양 철학을 공부할 때 항상 그 이름을 듣게 될 정도로 영향력이 큰 철학자이다. 그는 《오르가논Organon》이라는 저서에서 수학적 증명 방법인 연역 추론 과정을 14개의 규칙rule과 몇 개의 규준canon으로 축소 정리했다.

이것이 현대 수학자가 아니라 2,300년 전 학자의 업적이라는 점에서 놀랍다.

또한 그는 연역 추론의 바탕에 다음의 세 가지 원리가 있다는 것을 밝혔다.

동일률 : A는 A이다.

모순율 : A는 'A 아닌 것'이 아니다.

배중률 : A는 B이거나 B가 아니거나 둘 중의 하나이다.

(여기서 '배중률'이 앞에서 설명한 귀류법의 직접적인 출발점이라는 것이 얼핏 보인다.)

이름은 어렵다. "동일률, 모순율, 배중률." 하지만 내용은 매우 단순하고 당연하다.

여기서도 A와 B는 빈칸이다.

그 빈칸에 각각의 구체적인 내용만 채우면 이 단순한 세 형식의 논리를 반복함으로써 수학의 모든 증명이 생겨난다.

나에겐 아무리 생각해도 놀라운 사실이다.

7장

진화하는 수학

❙ 엉뚱한 것이 일치한다!

학교에서 선생님을 까무러치게 한 답안지부터 몇 개 보자.

♣ K 중학교 가정 문제

[문제] 찐 달걀을 먹을 때는 (　　)을(를) 치며 먹어야 한다.

[정답] (소금)

[그 학생] 찐 달걀을 먹을 때는 (가슴)을 치며 먹어야 한다.

♣ S 초등학교 글짓기 시험

[문제] "(　)라면 (　)겠다"를 사용해 완전한 문장을 지어 보세요.

[정답] "(내가 부자)라면 (가난한 사람들을 도와주)겠다" 등등

[그 학생] (컵)라면 (맛있)겠다.

♣ S 초등학교 체육 시험

[문제] 올림픽의 운동 종목에는 ( )-( )-( )-( )가 있다.

[정답] (육상)-(수영)-(체조)-(권투) 등등

[그 학생] 올림픽의 운동 종목에는 (여)-(러)-(가)-(지)가 있다.

♣ S 초등학교 자연 시험

[문제] 개미를 세 등분으로 나누면 ( )-( )-( )

[정답] (머리)-(가슴)-(배)

[그 학생] 개미를 세 등분으로 나누면 (죽)-(는)-(다)

한때 인터넷에 떠돌던 유머들이다. 이 유머들은 왜 재미있을까?

엉뚱한 답변이 튀어나왔기 때문에? 반은 맞다. 나머지 반은? 그 엉뚱한 답변이 문제의 조건에 묘하게 일치한다는 것이다.

찐 달걀을 먹을 때는 무엇을 치며 먹어야 하는가? 소금을 치며 먹어야 한다는 것이 정답이다. 하지만 가슴을 치며 먹어야 한다는 것도 문제의 조건에 맞다. 실제로 가슴을 치며 찐 달걀을 먹는 사람들도 있으니까. 또 문제의 괄호 속에 '가슴'이라는 말을 넣을 때 문장이 되지 않는가.

이렇게 전혀 관계없어 보이는 것이 일치할 때 우리는 재미있다고 느낀다.

앞에서 본 수학 유머인 '다이어트에 대한 수학적 고찰'이 그 예이다. 미적분이 뭔지 몰라도 이해하는 데 큰 상관이 없다. 수학 시간에 배우는 어떤 계산법인데 그게 다이어트랑 무슨 상관이겠는가. 그런데 어떤 식으로 정확히 일치했다. 재미있다.

수학에서도 똑같다. 수학의 진짜 재미 중 하나는 바로 이 엉뚱한 일치에 있는 것이다.

수학의 재미를 알 수 있는 놀라운 일치를 두 개 들어 보겠다.

하나는 앞에서 짧게 소개한 리만 가설과 관련된 이야기다.

수학자의 영혼을 산 악마가 증명하려 했다는 리만 가설의 한 대목을 떠올려 보자. 소수의 분포에 대한 규칙이 '제타 함수'로 나타난다.

실제 수학 연구에서 휴 몽고메리라는 수학자가 제타 함수를 연구했다. 그 결과 제타 함수가 0이 되는 점들 사이의 거리에 대한 공식을 만들었다. 그 식은 이렇다.

$$R_{\zeta,2}(u) = 1 - \left(\frac{\sin(\pi u)}{\pi u}\right)^2$$

이 식이 어떤 의미인지는 당장 중요하지 않다. 마치 잘 아는 공식을 만난 것처럼 고개를 끄덕이면서 읽어 가면 된다. (필요한 만큼만 이해하고, 눈에 보이는 대로 이해하면 된다. 그것이 수학이다.)

지금 중요한 것은 이 식이 전혀 엉뚱한 것과 일치할 것이라는 점이다.

이 식을 만든 휴 박사는 우연히 양자역학을 연구하는 물리학자 다이슨과 만나 이야기를 나누었다. 그러다 다이슨에게 자신이 만든 식을 보여줬다.

"어? 이 식이 왜 거기서 나와요?"

휴 몽고메리가 예상할 수 없었던 대답이 다이슨에게서 나왔다.

"다이슨 박사님은 이 식을 어떻게 알죠?"

"이것은 내가 연구하는 양자역학에서 원자핵 에너지의 분포 식입니다."

다이슨 박사는 자신의 식을 휴 몽고메리 박사에게 보여주었다.

$$R_2(r) = 1 - (\frac{\sin(\pi r)}{\pi r})^2$$

차이는 u가 있을 자리에 r이 있는 것뿐이다. 그런데 u와 r은 모두 숫자가 들어가는 빈칸이니, 같은 것에 다른 이름을 붙인 셈이다. 즉 두 함수 $R_{\zeta,2}(u)$와 $R_2(r)$은 정확히 같다.

하나는 수학자들이 소수의 분포 규칙을 찾기 위해 순수하게 논리적 추론만으로 만든 식이고, 다른 하나는 원자핵의 에너지가 어떻게 흩어져 있는지에 대해 정밀하게 실험해서 만든 식이다.

전혀 달리 생겨난 식이 이처럼 정확하게 일치하다니!

재미있지 않은가.

두 번째 이야기로 넘어가자.

그것은 해석기하학의 탄생이다. 알고 보면, 리만 가설보다 우리에게 훨씬 친숙한 것이기도 하다.

해석기하학과 좌표평면

해석기하학? 아마 친숙하게 들리지는 않을 것이다. 내겐 그랬다.

하지만 이 용어는 알 것이다. — 좌표평면!

좌표평면이 만들어내는 수학의 세계가 해석기하학이다.

'해석기하학'이라는 이 용어는 고등학교 때까지 수학 시간에 거의 등장하지 않는다. 그러다가 대학에서 수학 공부를 하면 갑자기 과목명으로 등장한다. 아무런 설명도 없이.

정말 어리둥절하다.

누군가 한 번 간단히 알려줄 필요가 있다. 해석기하학이 무엇인지. 좌표평면이 만들어내는 수학이 해석기하학이라고.

더 정확히 말하자면 다음과 같다.

좌표를 통해 도형을 숫자나 식으로 바꾸어서 연구하는 수학

좀 어렵게(대신에 '정확하게') 다음과 같이 말하기도 한다.

여러(n) 개의 수로 이루어진 순서쌍(또는 좌표)을 이용해서 도형을 연구하는 기하학

서로 같은 말이다. 두 번째 설명은 수학자들이 더 좋아하는 방식으로 말한 것일 뿐이다.

가장 짧게 정리하자면 이렇다.

해석기하학 = 기하학 + 대수학

즉 숫자 계산(대수학)과 도형에 대한 이론(기하학)을 하나로 결합한 것이 해석기하학이다.

한편 '해석기하학'이라는 용어는 라크르와(Lacroix, 1765~1843)가 처음 썼다.

'해석기하학'에서의 '해석'이라는 말은 '분석한다'는 뜻과 함께 '숫자 계산으로 답을 얻는다'라는 뜻을 가지고 있다. 따라서 해석기하학은 도형에서 나타나는 문제(기하학)를 숫자 계산의 문제(해석)로 바꾸어서 해결한다는 것을 뜻한다.

해석기하학과 헷갈릴 수 있는 수학 분야로 '해석학'이 있다. 간단히 말해 해석학은 극한의 개념을 논리적으로 해석하는 수학이다. 기하학과 대수학을 서로 오가는 해석기하학의 내용과는 매우 다르다.

해석기하학이라는 말이 어려워 보일지 모르지만, 우리는 학교 수학

에서 그 기본적인 내용을 배운다. 1차 방정식은 직선으로, 2차 방정식은 포물선으로 나타나는 등의 내용이다.

익숙해서 대수롭지 않게 생각될 것이다.

그러나 이렇게 숫자 계산과 도형에 대한 추론을 하나로 결합하는 것은 대단한 일이었다. 이것은 소수 분포와 원자핵 에너지 분포 식이 일치하는 것보다 훨씬 어마어마한 일이다.

비교를 위해 소수 분포와 원자핵 에너지 분포 연구의 결합에 대해 다시 생각해 보자.

첫째, 이 두 분야는 얼마나 다른가?

사실 물리학의 거의 모든 분야에서 수학을 사용한다. 예를 들어 혜성의 궤도는 포물선 방정식, 행성의 궤도는 타원의 방정식으로 표시된다.

"2차 방정식과 천체의 운동이 일치한다고? 정말 놀랍군!"

이제 이런 놀라움을 느끼는 수학자들이나 물리학자들은 없다. 마찬가지로 소수 분포와 원자핵 에너지 분포도 대단히 이질적이지는 않다. 그저 새로울 뿐이다.

둘째, 이 분야는 얼마나 일치하는가?

아직 잘 모른다. 핵심적인 식 하나가 완전히 일치하는 것으로 보인다. 잘 연구되면 많은 부분이 일치할지도 모른다. 하지만 두 분야의 모든 내용이 완전히 일치하지는 않을 것이다.

이에 비해 기하학과 대수학의 결합은 그 차원이 다르다.

첫째, 이 두 분야는 원래 달랐다. 우리는 좌표평면을 어릴 때 배워서 당연하고 쉽게 느낀다. 하지만 이 둘을 결합한 수학 체계는 그리 쉽게 생각할 수 있는 것이 결코 아니다.

최근 2,500년 수학의 역사에서 해석기하학의 등장 시기를 그림으로 표시해 보자.

좌표평면(해석기하학)의 등장

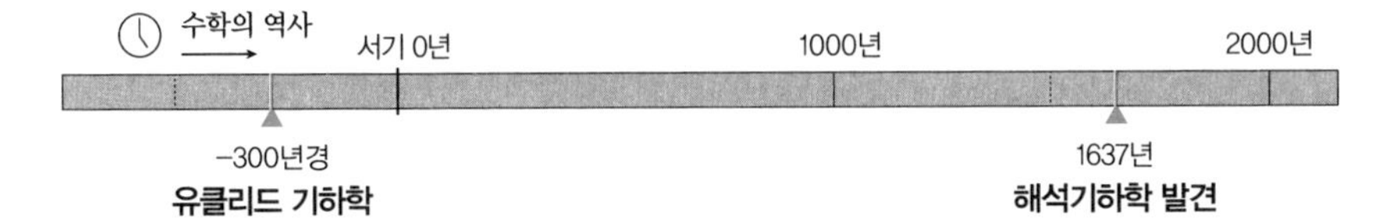

이 연표는 논리적 수학이 발전한 역사를 보여준다. 그 대부분의 시간 동안 해석기하학을 아무도 생각하지 못했다. 대략 2,000년 동안 하지 못한 것이다.

그들이 바보라서 그런 것이 아니다. 도서관 안에 앉아서 지구 둘레를 정확히 측정해낸 천재 수학자 에라토스테네스도 그중의 한 사람이었으니까.

2,000년 동안 또 얼마나 많은 천재 수학자들이 있었겠는가.

배우지 않고 알 수 있을까?

도형과 숫자 계산이 서로 얼마나 다른지를 느껴보기 위해서는 다음 문제를 초등생이나 중학생에게 보여주면 될 것이다.

〈문제〉 다음 그림을 표현하는 수식은 어느 것인가?

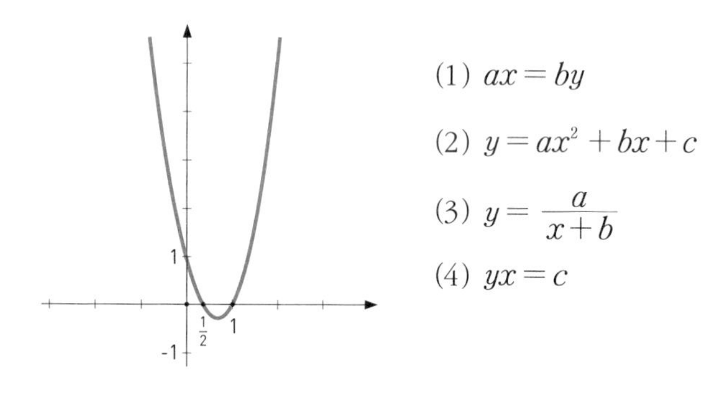

가능하면 중학교 2학년이 안 된 어린 학생들에게 보여주자. 수학적인 머리가 발달한 영리한 학생들이면 더 좋겠다. 물론 그들은 선행학습을 해서 좌표평면과 포물선의 방정식을 배우지 않은 학생이어야 할 것이다.

단언컨대 아무도 (2)번이 정답이라는 걸 알지 못할 것이다.

나는 중학교 3학년 시절 2차 방정식을 처음 배우던 때를 어렴풋이 기억한다. 1차 방정식이 직선 그래프로 나타나는 것을 배운 후였다. 하지만 놀랐다.

"곡선도 방정식으로 표시되는구나!"

그뿐만이 아니다.

$y = ax^2$ 의 그래프를 배우고 난 후에도, 다음과 같은 곡선의 방정식이 어떻게 나타나는지 상상하지 못했다.

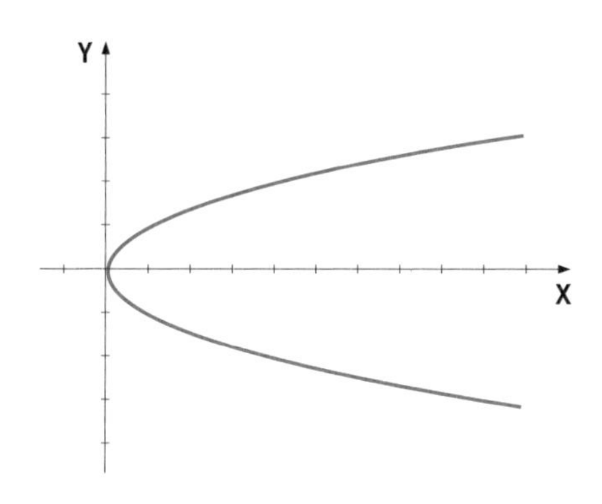

답은 $y^2 = ax$ 혹은 $y = \pm a\sqrt{x}$ 였다.

지금 보면 매우 쉽고 당연해 보인다. 배우고 나면, 누구라도 그래프를 보면 식이 생각나고, 식을 보면 그래프를 금방 떠올릴 것 같다.

하지만 수천 년에 걸친 수학의 역사를 돌아보고서 장담할 수 있다. 배우지 않고 이것을 떠올릴 수 있는 사람은 없다.

내가 $y^2 = ax$ 라는 식을 처음 배웠을 때의 충격도 기억한다.

"y 가 제곱이 될 수도 있구나!"

y가 왜 제곱이 될 수 없겠는가? 하지만 배우지 않고 그것을 상상하는 것은 결코 쉽지 않다.

정리를 해보자.

엉뚱하게 보일 정도로 서로 너무 다른 것이 일치할 때, 그것에서 재미를 느끼게 된다.

둘이 다르면 다를수록, 그리고 더 많이 일치할수록 재미있다. 그래서 소수의 분포 식과 원자핵 에너지 분포 식의 일치가 재미있다.

그렇다면!

그보다 더 다르면서도 그보다 더 많이 일치하는 것은 더욱 재미있을 것이다.

좌표의 도입으로 생겨난 해석기하학이 그것이다.

누가 이 재미있는 생각을 해냈을까? 데카르트다.

기하학과 대수학의 결합

데카르트(René Descartes, 1596~1650)는 누구인가?

"나는 생각한다, 고로 나는 존재한다."라는 말로 더 유명한 철학자다. 그는 뛰어난 수학자이기도 했다.

데카르트는 《방법서설》이라는 책을 썼다. 그 책에 붙은 3개의 부록 중 하나에서 좌표평면의 아이디어를 제시했다. '기하학'에서 평면상의 점을 설명하기 위해 X축과 Y축이라는 직각선을 그린 후, 점에서 각 축까지의 거리를 나타내는 수의 쌍(즉, 순서쌍)으로 위치를 설명하는 것이 그 아이디어였다.

말은 복잡하다. 하지만 우리가 아는 좌표평면의 뜻 그대로다.

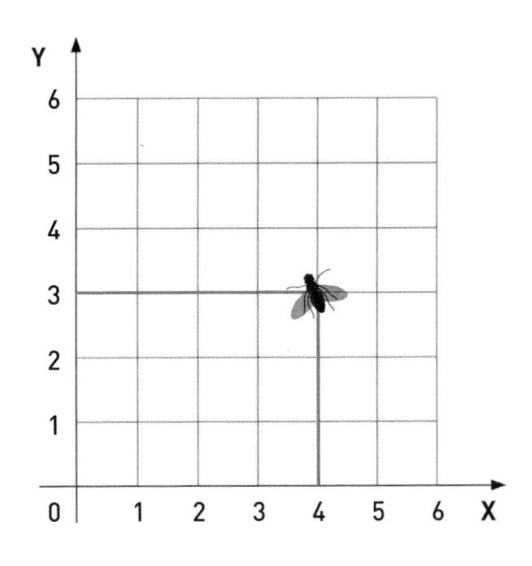

데카르트의 좌표평면 아이디어.
천장에 붙어 옮겨다니는 파리를 보며 영감을 얻었다고 한다.

거의 같은 시기에 페르마(Pierre de Fermat, 1601~1665)도 좌표계 이론을 만들었다. 하지만 발표하지 않았다. 그래서 후대에 미친 영향은 데카르트가 훨씬 더 크다. 페르마는 '페르마의 마지막 정리'로 유명한 그 수학자이다.

좌표의 도입으로 수학은 완전히 바뀌었다.

이전까지 수학의 중심은 기하학이었다. 앞에서 설명한 유클리드 기하학의 발전 때문이다. 그러다 2,000년 만에 좌표 개념이 등장했고 기하학과 대수학이 결합되었다.

그림으로 나타내자면 아래처럼 표현할 수 있다.

이것은 곧 현대 과학의 급격한 발전으로 이어졌다.

좌표평면의 도입 덕분에 과학 혁명이 일어났다고 해도 과언이 아니다. 덕분에 뉴턴이 자연 현상을 수학 방정식으로 설명할 수 있었으니까.

데카르트는 1596년에 프랑스 귀족 여인의 셋째 아들로 태어났다.

좌표평면의 도입

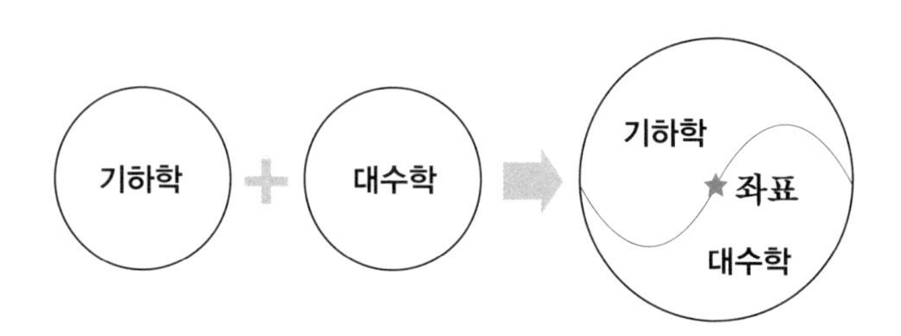

태어났을 때 매우 병약해 마른기침을 하고 있었다. 의사는 아이가 곧 죽을 거라고 말했을 정도였다. 다행히 53세까지 살 수 있었다. 데카르트 아버지의 사랑과 보살핌 덕분이었다고 한다. 데카르트는 늦게까지 침대에 누워 있었다는 얘기가 잘 알려져 있는데, 이 역시도 그가 병약했기 때문이었다.

개인적으로 내게 인상적인 것은, 그가 수학으로 파리의 도박판에서 돈을 벌기도 했으며, 여행과 모험을 위해서 군대에 자원입대해 여러 나라를 돌아다녔다는 행적이다. 그중 네덜란드에서의 에피소드가 가장 흥미진진하다.

1618년에 데카르트는 네덜란드의 작은 도시인 브레다의 거리를 거닐고 있었다.

그러다 어떤 표지문을 읽기 위해 사람들이 모여 있는 것을 봤다. 궁금해진 그는 한 구경꾼에게 부탁했다.

"실례지만, 저 표지문을 프랑스어로 번역해줄 수 있나요?"

늙수레한 그 구경꾼이 우연히도 네덜란드의 당대 가장 뛰어난 수학자 중 한 사람이었다. 그의 이름은 비크만.

길거리에 붙은 표지문의 내용이 뭘까? 지명수배자 명단 같은 것이 얼핏 떠오른다. 그런데 비크만이 번역해준 표지문의 내용은 수학 문제 공고였다.

요즘은 이런 공고문이 거리에 나붙지 않지만, 당시 유럽에는 때때로 있는 일이었다고 한다.

어쨌든 문제를 살펴본 데카르트가 던진 말,

"흠~ 쉬운 문제로군요."

그 말을 들은 비크만은, 처음 본 군인의 허풍 같은 한마디에 쓴웃음을 지었다.

"허허, 그래요? 그럼 어디 한번 풀어보슈."

그다음은 어땠겠는가? 당연하게도 문제를 금방 풀었다. 그 군인이 데카르트였으니까.

"아니, 어떻게 이런 일이!"

감탄한 비크만은 이내 데카르트와 친구가 되었다.

그리고 이후 데카르트와의 서신 교환으로 친분을 유지하면서 데카르트의 연구에 도움도 주었다고 한다.

미분 적분의 등장

해석기하학의 등장만큼이나 획기적인 수학사적 사건이 미분 적분의 등장일 것이다.

미분 적분을 처음 배우면 두 가지를 경험하게 된다.

첫째, 이것이 무슨 계산을 하는지 모르겠고,

둘째, 계산이 어떻게 이루어지는지도 모르겠다.

그래서 결과적으로, 재미가 없다!

하지만 바로 여기에 미분 적분의 재미가 있다.

처음에는 전혀 알 수 없었던 것이다. 하지만 잘 생각하면 "아, 그렇군!" 하고 이해된다. 그리고 한없이 복잡해 보이던 것이 사실은 굉장히 단순한 아이디어라는 점을 알 수 있다.

미분 적분이 어렵고 복잡하다는 것은 여러분이 이미 경험했을 것이다. 그러니 나는 그것이 단순한 아이디어라는 데에 초점을 맞추겠다.

> 첫째, 미분 적분은 무슨 계산을 하는가?
>
> 변화하는 양을 계산한다.

로켓이 날아간다고 해보자. 로켓이 시속 600km의 속도로 3시간을 날아간다면 얼마의 거리를 날아갈까? 답은 쉽다. 600km에 3시간을 곱해서 1,800km의 거리를 계산할 수 있다.

그래프로 그리면 이런 상황이다.

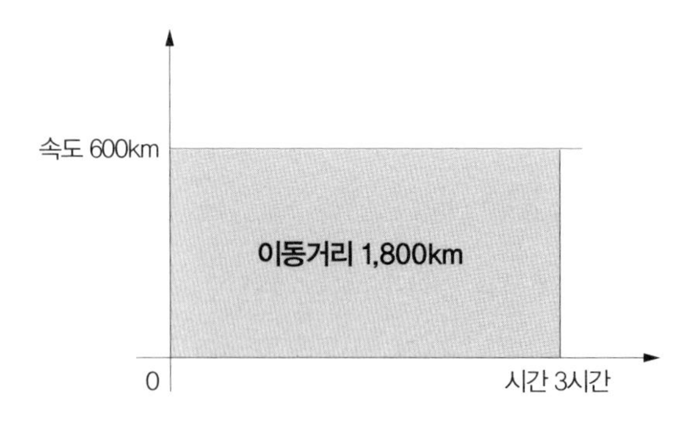

그런데 현실에서 항상 같은 속도로 날아가는 물체는 찾기 어렵다. 정말 계산이 필요한 로켓의 속도는 변한다. 이렇게.

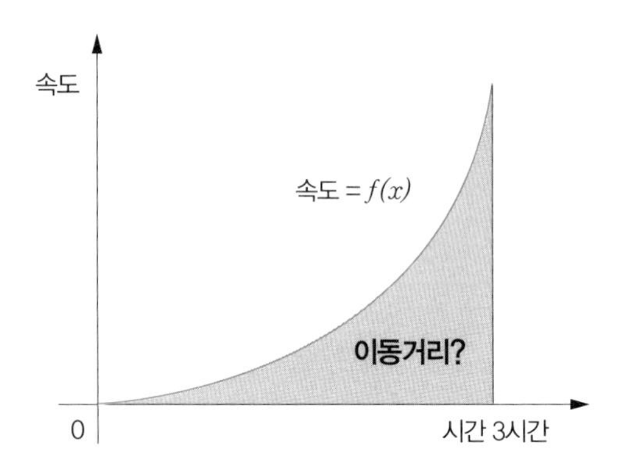

이런 상황이라면 이동 거리를 어떻게 구할 수 있을까?

단, 여기서 로켓의 변화하는 속도는 어떤 함수 $f(x)$로 나타낼 수 있다. 매 순간의 속도를 안다는 말이다. (매 순간의 속도를 모른다면 이러나저러나 이동 거리는 알 수 없다. 첫 그래프에서도 600km라는 속도를 모르면 3시간 동안의 이동 거리를 알 수 없으니까.)

미분 적분은 이때 사용된다.

속도가 변할 때 시간당 이동 거리는 변한다. 이동 거리가 변화량이다. 이것을 계산하는 게 변화량의 계산이다.

둘째, 계산을 어떻게 하는지 알아보자. 미리 말하건대, 알고 나면 누구나 고개를 끄덕일 만한 방식으로 계산한다.

로켓의 속도가 일정한 경우를 보자. 이때 이동 거리는 어떻게 계산했는가? 세로(600km)×가로(3시간)로 계산했다. 이렇게.

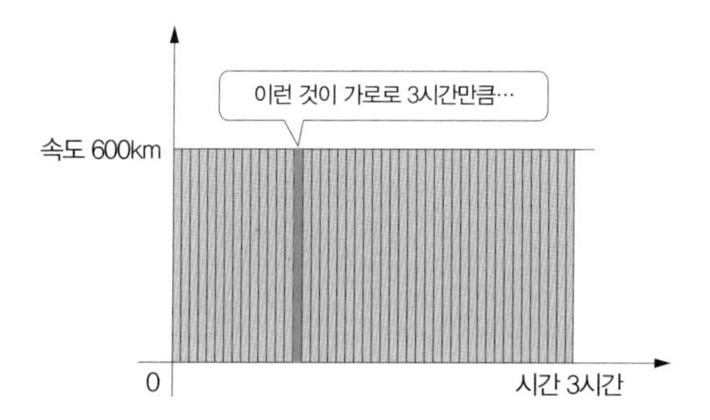

그렇다면 속도가 변하는 경우도 같은 방식으로 계산하면 되지 않을까?

적분이 실제로 그렇게 계산한다. 이렇게.

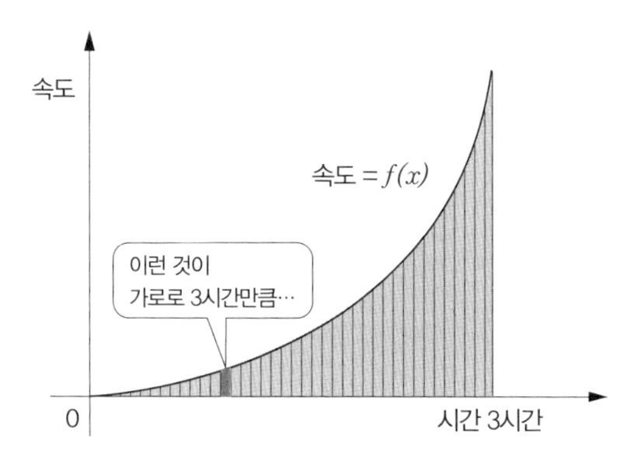

그림에서 '이런 것'들은 길이가 모두 막대이다.

그것들을 가로 폭(3시간)만큼 모두 더하는 게 적분 계산이다.

한편 가로 위치(즉, 시간)에 따라서 달라지는 세로 길이(속도)를 알아내는 계산이 '미분'에 해당한다. 변화량의 한 조각을 계산하는 것이다.

여기까지가 미분 적분의 핵심이다.

정리를 해보자. 우리는 적분부터 생각했다.

적분이란? 변화하는 양을 계산하는 것

미분이란? 변화량의 조각을 계산하는 것

뻔하고 당연하지 않은가? 수학의 개념이란 항상 그렇다.

적분의 계산법

이제 복잡해지는 것은 미분 적분의 계산법이다.

단순하고 당연한 개념인데 왜 계산법이 복잡해지는가? 거기에 서로 다른 것이 여러 개 들어 있기 때문이다. 다른 것들이 많은 것, 그것이 변화이다.

속도가 일정한 경우를 보자.

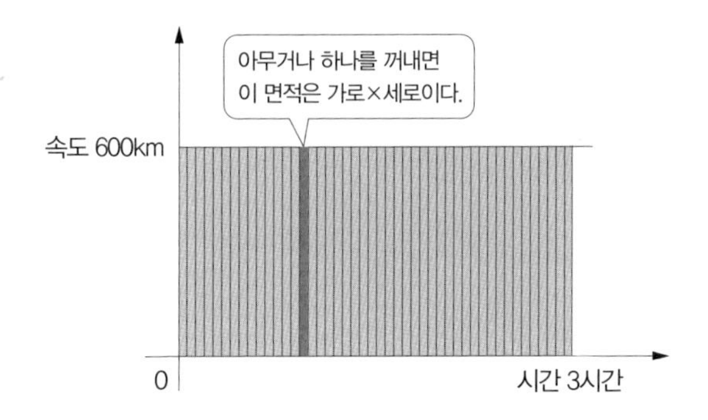

여기서 이동 거리(변화량)를 계산하기 위해서 어떤 세로 막대 하나를 찾아낸다. 이 막대의 높이는 항상 시속 600km이고, 가로 폭은 3시간을 아주 짧은 시간으로 쪼갠 것이다.

(편리한 이해를 위해 3시간을 그냥 1시간으로 생각하자.) 만약 가로를 10등분 했다면 10분의 1의 길이일 것이고, 가로를 1,000등분 했다면 1,000분의 1일 것이다.

이때 중요한 것은 '아무거나' 하나를 찾아내야 한다는 것이다. 그렇지 않겠는가? 그래야 그것들을 모두 3시간의 폭만큼 더했을 때 전체 이동 거리(변화량 = 면적)가 나올 테니까.

속도가 변할 때도 같은 방식으로 생각한다.

면적을 구성하는 세로 막대 중 아무거나 하나를 끄집어낸다. 그리고 생각하자. 이 막대의 가로와 세로는 얼마일까?

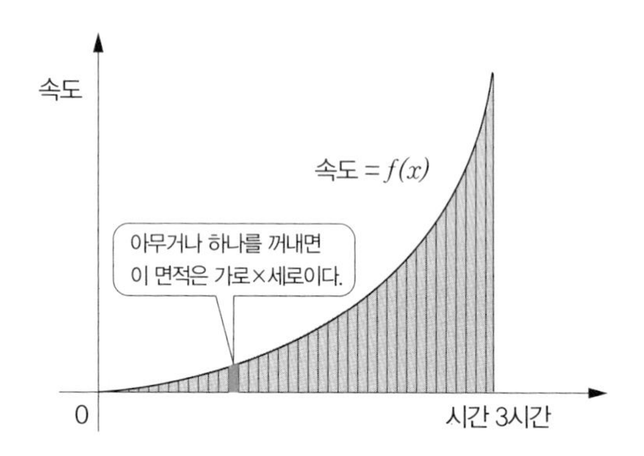

속도가 일정할 때와 비교하면, 가로 폭은 똑같이 계산할 수 있다. 일정한 시간이 여러 개로 쪼개진, 0과 다름없는 찰나의 시간이다.

문제는 세로 높이다.

속도가 일정할 때는 그 '아무거나'가 모두 같은 높이였다. 하지만 속도가 변할 때는 그 '아무거나' 끄집어낸 막대의 높이가 모두 다르다.

하지만 다행히 우리는 각각 다른 세로 높이를 알 수 있다. 가로 지점인 시간 x의 위치에서 세로 높이는 $f(x)$로 결정된다. 속도를 나타내는 함수가 $f(x)$이기 때문이다. (알고 보면 이 부분에서도 동어반복이 나타난다.)

이제 이것을 정확히 계산식으로 만들면 된다.

변화량(면적)인 이동 거리를 나타내는 계산식은 다음과 같이 된다.

이동거리(S) = 모두 더하기($\int$) { 세로($f(x)$) × 가로(dx) }

기호로 쓰면 다음과 같다.

$$S = \int f(x)\,dx$$

이것이 적분의 계산식이다.

여기서 생길 수 있는 질문은 둘이다.

(1) 왜 모두 더하는 것을 '$\int$'로 표시할까?

(2) 왜 가로를 'dx'로 표시할까?

(2)부터 답하자. dx는 가로 길이(x)를 무한히 잘게 나눈 것을 의미한다. 무한히 잘게 나누면 x의 길이는 매우 작아져서 사실상 0이 된다. d는 그것을 나타낸다.

숫자의 관점에서 d는 0.000…0001과 같이 매우 작은 값이다. 이것이 x에 곱해졌다. 곱하기를 생략하고 dx로 표시한다.

이제 (1)에 답할 차례이다.

가로 길이(x)를 무한히 잘게 나누면 그 개수는 무한히 많아진다. 무한히 잘게 나눈 값 d와 연동해서 '그만큼 무한히' 많이 더해야 일정한 면적이 나올 것이다. '무한히 많이 더한다'는 것을 나타내기 위해 특별히 '$\int$'로 표시한다. 이 기호는 '인티그럴integral'이라 읽는다.

| 미분의 계산법

적분 계산법은 이해했다. 그러면 미분은 어디에 있는가?

미분은 변화량 S를 구하기 위해 어떤 막대 조각을 찾아내는 계산이다. 아주 얇은 막대 조각의 면적.

적분은 속도를 알고 있을 때 이동 거리를 찾아내는 방법인데 반해, 미분은 이동 거리를 알고 있을 때 속도를 찾아내는 방법이다. 서로 반대 방향의 계산이다.

미분 계산의 출발점인 변화량(이동 거리)의 함수를 먼저 생각해 보자.

쉽게 이해하기 위해 간단한 예를 먼저 보자.

속도가 일정할 때 이동 거리의 함수는 다음과 같다.

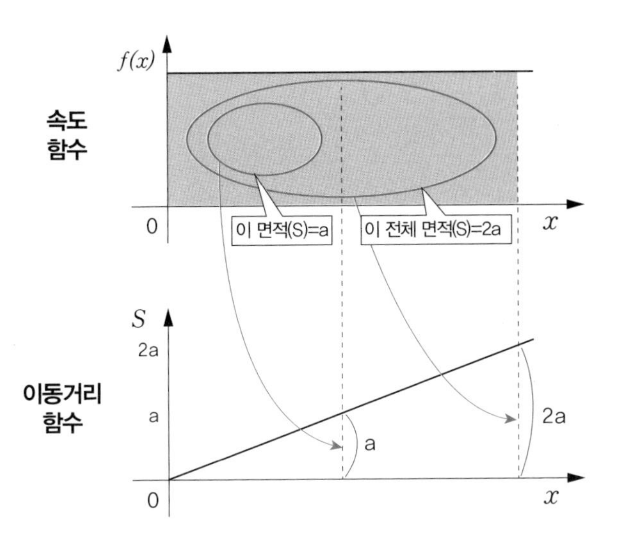

여기서 위의 그래프가 속도 함수를 나타낸다. 세로축이 속도라는 말이다. 세로축에 일정한 속도 $f(x)$가 보이고, x축만큼 늘어나는 이동 거리가 면적으로 보인다.

아래 그래프는 이동 거리 함수를 나타낸다. 위 그래프에서 면적으로 나타난 이동 거리를 여기서는 세로축의 숫자(높이)로 나타낸다. 그래서 x축에 시간이 흐르는 만큼 이동한 거리가 늘어나고, 세로축(S)의 값도 일정하게 높아진다.

만약 속도가 일정하게 유지되는 경우가 아니라면 어떨까? 속도가 일정하게 증가한다면?

다른 상황, 다른 그래프가 나타날 것이다. 이때 진짜 미분 계산이 필요하다. 이렇게 된다.

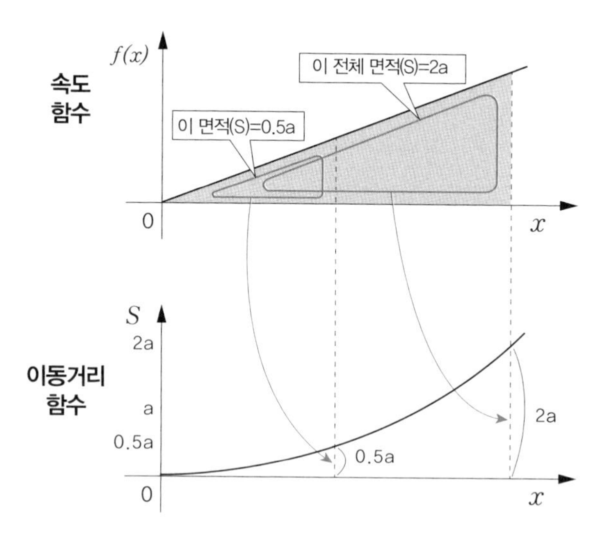

이번에는 위 그래프에서 속도가 일정하게 증가한다. 당연하다. 왜냐하면 이렇게 속도가 바뀌는 상황을 생각하는 것이니까.

이에 따라서 이동 거리는 그만큼 더 급격하게(기하급수적으로) 증가한다. 시간이 2배가 되자 면적(이동 거리)은 2배가 아니라 4배가 되었다.

오른쪽 그래프에서는 이동 거리(변화량) 자체가 세로축(S) 방향의 높이로 나타난다. 그래서 그래프가 갈수록 위로 치솟아 곡선이 되었다.

미분은 아래 그래프(S)를 알고 있을 때 위 그래프의 값 $f(x)$를 계산하려 한다. 이동 거리(변화량)를 알고 있을 때, 순간의 시간당 이동 거리(속도)가 어떻게 변하는지를 계산하는 것이다.

이렇게 말이다. (아래 그래프에서 위의 그래프 방향으로 생각하자.)

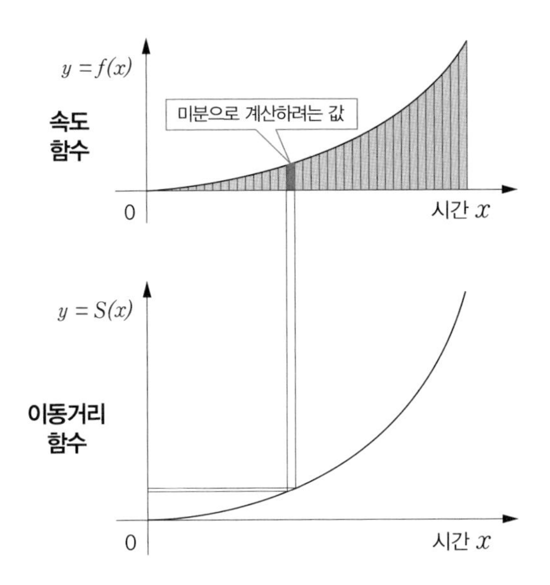

여기서 구해야 하는 것은 시간 x가 극히 조금만 늘어날 때 위쪽 그래프의 면적이 얼마나 늘어나느냐 하는 것이다.

그것을 다음과 같이 계산한다.

$$\text{속도 } f(x) = \frac{\text{세로 높이}}{\text{가로 길이}} = \frac{\text{증가한 } S - \text{원래 } S}{\text{증가한 } x - \text{원래 } x}$$

이 식에서 S의 증가량은 x가 증가해서 생긴다. 그래서 다음과 같이 된다.

$$\text{속도 } f(x) = \frac{\text{증가한 } S - \text{원래 } S}{\text{증가한 } x - \text{원래 } x} = \frac{S(\text{증가한 } x) - S(x)}{\text{증가한 } x - x}$$

정확한 계산을 위해서 시간 x의 증가량이 거의 0이라고 생각하자. (찰나의 시간이니까.) 수학적으로는 "x의 증가량이 무한히 작은 값"이라고 말한다.

이런 의미로 수학책에서는 증가량을 h나 $\triangle x$로 놓고 다음과 같이 표현한다. (여기선 h를 쓰자.)

$$S'(x) = \lim_{h \to 0} \frac{S(x+h) - S(x)}{(x+h) - x}$$

※ 극한을 뜻하는 lim는 '리미트'로 읽는데, 영어 limit에서 왔다. 수식에 대한 자세한 설명은 이 장의 끝에서 다시 다루겠다.

그러면 이 계산은 면적이 아니라 그저 앞 그래프의 세로 높이를 계산하는 것이 된다. 가로 폭인 x의 값이 없는 듯이(무한히) 작아졌기 때문이다.

이것을 교과서에서는 $S(x)$의 '순간 기울기'를 구한다고 말한다. 하지만 정확히 말해 '순간 변화율'을 구하는 것이다.

이것이 미분이다.

미분과 적분의 개념을, 적분과 미분 순서로 설명했는데,

상세하게 설명하는 바람에 다소 어렵게 보일지 모르겠다.

원래 복잡한 개념이니 어쩌겠는가? 하지만 그래도 더 노력해볼 수는 있다. 더 간단하고 직관적인 설명을 해보겠다.

미적분의 차원 속으로

차원에 대한 이야기가 미적분 이해에 도움이 된다. (미적분은 '미분 적분'을 줄여서 부르는 말이다.)

우리는 가끔 '4차원' 혹은 '고차원'이라는 말을 듣는다. 그럴 때면 뭔가 상상하기 어려운 환상적인 세상이 있을 것 같다. 그런데 정확히 '차원'이란 무엇일까?

1차원의 세상은 선의 세상이다.

1차원에서는 앞이나 뒤로만 움직일 수 있다. 한 방향으로만 왔다갔다할 수 있기 때문에 '하나'의 차원, 즉 1차원이라 부른다.

1차원의 세상에 사는 주인공 파깨비를 생각하자. 파깨비에게 금덩어리가 생겼다. 다른 누군가가 훔쳐가지 못하도록 이것을 지키고 싶다. 파깨비는 어떻게 해야 할까?

금덩어리의 앞뒤만 막으면 된다. 이렇게.

이제 파깨비는 안심할 것이다. 하지만 2차원에 사는 이깨비는 이 금덩어리를 훔칠 수 있다.

이깨비가 사는 2차원이란?

앞뒤로 움직일 수 있을 뿐만 아니라 좌우(옆)로도 움직일 수 있는 세상이다. 왔다갔다할 수 있는 방향이 2개이기 때문에 2차원 세상이라 한다.

1차원 파깨비가 금덩어리의 앞뒤를 막았지만, 2차원의 이깨비는 옆으로 돌아서 금덩어리를 가지고 달아날 수 있다.

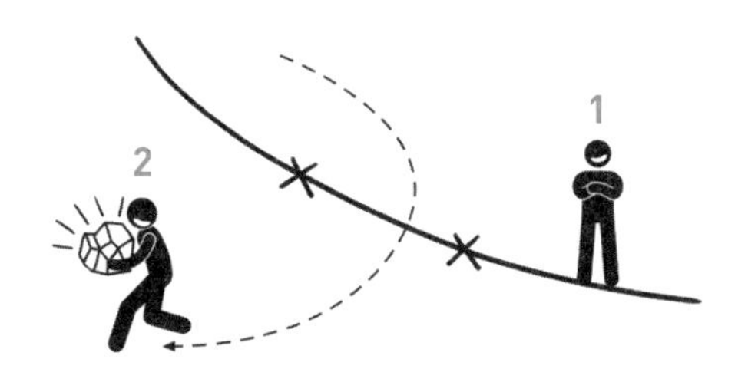

이제 이깨비도 금덩어리를 지키고 싶다. 어떻게 하겠는가?

금덩어리의 사방을 가로막는다. 누구도 가져가지 못하도록. 그것이 이깨비가 할 수 있는 전부이다. 물론 3차원 존재 삼깨비를 막을 수는 없지만.

삼깨비는 앞뒤, 좌우뿐만 아니라 아래위로도 움직일 수 있다. 앞뒤가 제1차원, 좌우가 제2차원, 아래위가 제3차원이다. 이렇게 3개의 방향이 있어서 3차원이다. (방향 순서는 상관없다.)

삼깨비는 이깨비가 막아 놓은 담장을 넘어갈 수 있다. 담장 위로 넘을 수도 있고, 담장 밑으로 굴을 파고 지나갈 수도 있다.

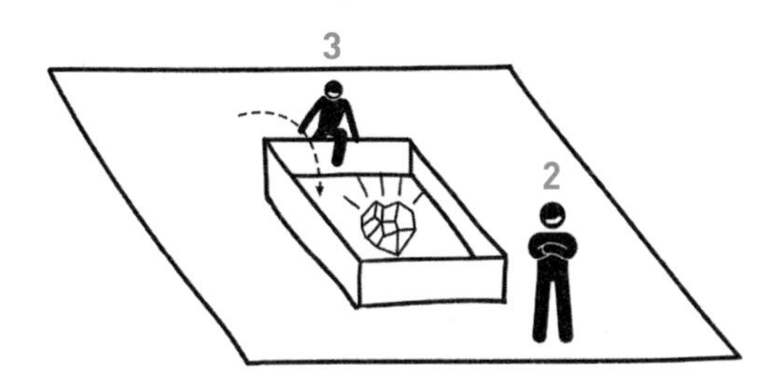

삼깨비가 이깨비의 금덩어리를 빼앗아 왔다. 이제 어떻게 보관해야 할까? 당연하게도 앞뒤, 좌우, 아래위를 모두 막을 것이다. 여기까지는 쉽게 생각할 수 있다.

다음에는 4차원이다.

3차원의 삼깨비가 금덩어리 주변을 가로막아 놓았지만, 4차원의 사깨비는 이것을 훔쳐갈 수 있다.

이 상황은 그림으로 그려서 설명할 수 없다. 여러분의 머릿속에 생각하기도 어려울 것이다.

하지만 지금까지 생각한 것과 같은 방식으로 사고를 넓혀갈 수 있다. 4차원 사깨비는 상하, 좌우, 앞뒤가 아닌 또 다른 방향으로 담장을 지나갈 것이다.

구체적으로 어떤 방향일까?

모른다. 사실, 상관없기도 하다. 중요한 것은, 기존의 3개 방향이 아닌 또 다른 방향이기만 하면 된다.

이런 생각이 수학적인 생각이다. 추상적인 사고방식. '사과 2개'에서 '사과'를 떼어내듯이, 방향에서 앞뒤, 좌우, 위아래를 떼어낸다. 그리고 단순하게 '방향'만 생각한다.

그래도 상상력을 자극하기 위해서 정해볼 수 있는 네 번째 방향이 있다. 아인슈타인이 네 번째 차원이라고 말한, 시간의 방향이다.

4차원 존재 사깨비가 3차원 존재 삼깨비의 금덩어리를 훔치는 방법은 이렇다.

사깨비는 삼깨비가 금덩어리 주위에 담장을 둘러치기 전인 과거로 간다. 그리곤 금덩어리가 놓일 위치로 움직여 간다. 그때 그곳에는 금덩어리가 없을지도 모른다. 하지만 상관없다. 현재로 돌아오면 금덩어리가 있을 테니까.

금덩어리를 잡아 쥔 후에 사깨비는 다시 과거나 미래로 옮겨간다. 그렇게 담장이 없는 시간에 도달하면 담장 바깥의 위치로 나온다. 마지막에는 삼깨비가 찾을 수 없는 곳으로 유유히 사라질 것이다.

사깨비가 과거나 미래로 움직이는 것, 이것이 앞뒤, 좌우, 아래위가 아닌 또 다른 방향이다.

그 방향이 어디인지는 모르겠지만, 덕분에 차원에 대한 기하학적인 개념이 쉽게 이해되었다. (기하학적인 개념 외에도, 물리적 단위와 관련된 다른 개념의 차원도 있다.)

그리고 미분 적분을 이해하는 데에도 도움이 될 것이다.

차원을 오르내리는 계산

차원을 이해했으니, 이 개념으로 미적분을 간단히 설명해 보자.

미분이란 무엇인가? 한 차원 낮은 값을 계산하는 것이다.

3차원의 값을 알 때 2차원의 값을, 2차원의 값을 알 때 거기서 1차원의 값을 계산한다.

그럼 적분이란 무엇인가? 거꾸로, 한 차원 높은 값을 계산하는 것이다.

1차원의 값을 알 때 2차원의 값을 계산하고, 2차원의 값을 알 때 3차원의 값을 계산한다.

여러분이 수학적 표현에 익숙하다면, 다음과 같이 말하고 싶을 것이다.

> 적분 : n차원의 값을 알 때 n+1차원의 값을 계산하기
>
> 미분 : n+1차원의 값을 알 때 n차원의 값을 계산하기

앞에서 대충이라도 이해한 미적분의 개념을 다시 기억해 보자.

헷갈리지 않게 이번에도 적분부터 생각하자.

적분은 이런 계산이었다.

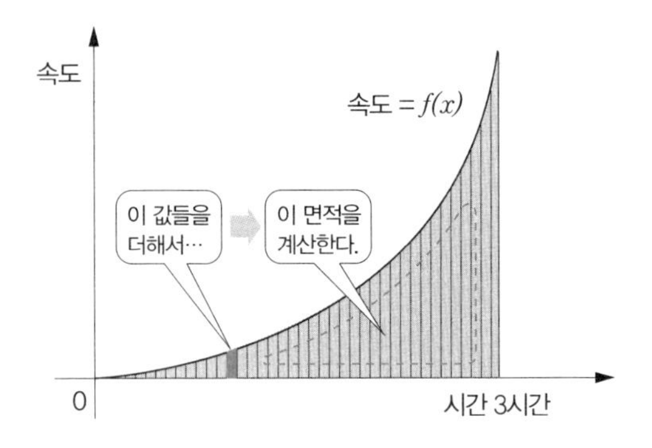

이 계산을 보면 속도라는 1차원 값을 알고서 이동 거리라는 2차원 값을 계산하고 있다. 한 차원 올라가는 것이다.

그리고 미분은 이런 계산이었다.

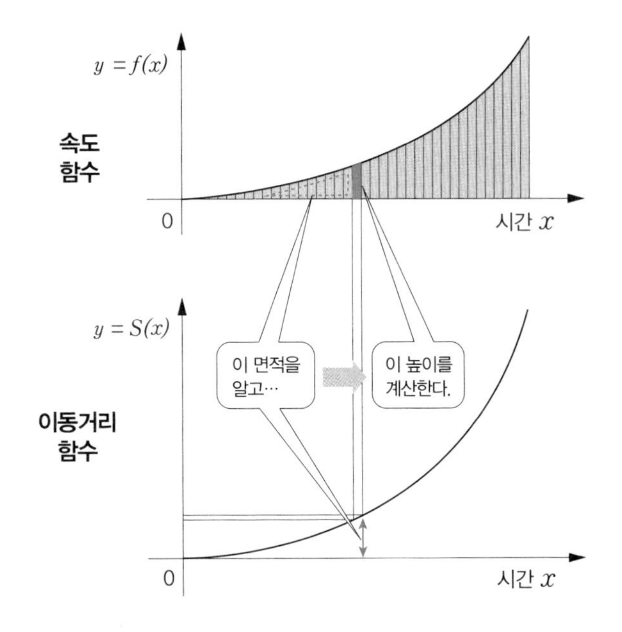

아래 그래프는 이동 거리를 세로 값으로 나타내는 그래프이다. 이 값은 위 그래프의 면적, 즉 2차원이다. 이 2차원 값을 알고서 위 그래프의 1차원 값(세로 높이)인 속도를 찾아낸다. 한 차원 내려가는 것이다.

잠깐! 이동 거리가 왜 2차원일까? 거리는 길이니까 1차원이 아닐까?

그렇다. 그렇게 본다면 속도는 0차원, 점이다. 왜? 여기서 저기까지 1차원의 거리를 갈 때 속도는 우리 마음속에 점(혹은 점을 나타내는 숫자)으로 존재하기 때문이다.

만약 속도를 그래프에서 세로 높이(1차원)로 생각한다면? 그때는 이동 거리가 면적(2차원)으로 나타난다. 그래프로 그리기 위해 우리는 그렇게 생각했다.

이러나저러나 미분은 한 차원 내려가는 계산이고, 적분은 한 차원 올라가는 계산이 된다.

이와 같은 방식으로 3차원 부피와 2차원 면적의 관계,

그리고 더 나아가서,

n+1차원의 값과 n차원의 값들도 미적분으로 계산한다.

미적분의 간단한 역사

미적분이 발전하게 된 과정을 역사적으로 간단히 살펴보자.

현대적 미적분은 뉴턴과 라이프니츠에 의해서 동시에 정립되었다. 그 시기를 그림으로 나타내면 아래와 같다.

그림에서 보듯이 해석기하학이 생겨난 지 30~40년 만에 미적분학이 급속히 정립되었다.

요즘 학생들은 초등학교에서부터 일찍 수학 공부를 시작한다. 그래도 고등학생이 되었을 때 배우기에 벅찰 정도로 미적분은 복잡하다.

이런 복잡한 계산법이 해석기하학 발견 이후 50년도 안 되어 갑자기 등장했다는 것은 학문사적으로 엄청난 사건이다.

물론 어떤 부분은 오래전 과거부터 시작되었다. 특히 적분 개념이 그렇다.

앞에서 언급한 제논의 패러독스가 적분과 직접 관련된다. 대략 2,000년 전의 그리스 시대까지 소급되는 것이다.

그런데 미분은 적분과 별도로 발전했고, 의외로 근대 수학의 산물

미적분의 정립

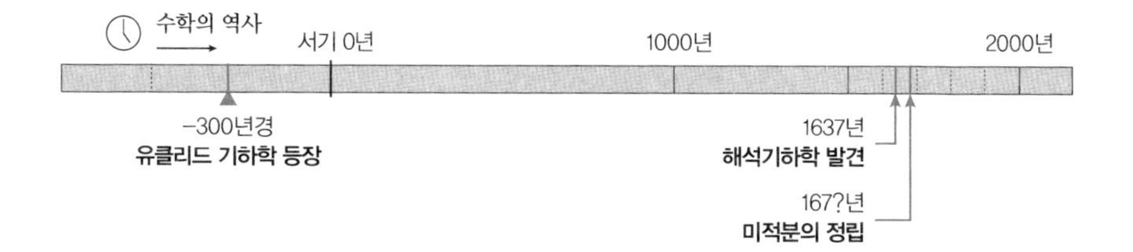

이다. 17세기(1600년대)까지 아무도 미분법을 생각하지 못했다. 17세기에 이르러서야 데카르트, 페르마, 배로 등의 여러 수학자들이 미분법을 발전시켰다.

우리가 수학책에서 미분과 적분을 함께 배우므로, 이렇게 둘이 따로 발전한 것은 낯설게 보인다.

흔히들 뉴턴과 라이프니츠가 현대적 미적분을 정립했다고 말한다. 이것은 정확히 무슨 뜻일까?

따로 발전한 미분과 적분이 서로 반대 계산법이라는 것을 이들이 알아냈다. 그리고는 하나의 계산 체계로 통합했다. 이것이 미적분 발전에 결정적으로 중요했다.

이렇게 정립된 미적분은 어마어마한 수학적 성과였다. 그래서 뉴턴과 라이프니츠 사이에 국제적인 논쟁이 일어나기도 했다. 누가 먼저 미적분을 정립했는가를 두고 품위 없는 다툼이 일어났던 것이다.

이에 대한 현대의 결론은? 두 사람이 독자적으로 거의 같은 시기에 정립했다는 것이다.

이것이 가장 사실에 가깝다. 상세한 조사를 통해 얻은 결론이니까.

다시 등장하는 제논

미적분을 최대한 간단히 설명하느라고 '차원'을 오르내리는 점에

초점을 맞추었다.

하지만 막상 미적분을 공부하면 어려움은 다른 데에 있다. 그것은 극한이다.

교과서에서 미분을 처음 배울 때 나타나는 다음과 같은 식을 보자.

$$f'(x) = \lim_{\triangle x \to 0} \frac{f(x+\triangle x) - f(x)}{\triangle x}$$

여기서 어려운 부분은 두 지점이다.

첫째, 분자의 $f(x+\triangle x) - f(x)$ 와 분모인 $\triangle x$ 의 관계가 보이지 않는다.

사실 이 점은 간단하게 해결될 수 있다. 분모에 있는 $\triangle x$ 는 $(x+\triangle x) - x$ 이다. 즉 원래 다음과 같은 식이다.

$$f'(x) = \lim_{\triangle x \to 0} \frac{f(x+\triangle x) - f(x)}{(x+\triangle x) - x}$$

이렇게 되면 분자와 분모의 관계가 눈에 쉽게 보일 것이다. 분모가 $b-a$ 라면 분자는 $f(b) - f(a)$ 인 것이다.

사소한 어려움도 있다. $\triangle x$ 라는 기호가 괜히 어렵다.

알고 보면 $\triangle x$ 는 h 로 바꿀 수 있다. 이것은 앞에서도 말했다. $\triangle x$ 든 h 든 '적당히 작은 양'을 의미한다. $\triangle x$ 는 h 로 쓸 수 있는 것을 수학자들 취향으로 좀 어렵게 쓴 거라고 보면 된다.

둘째 어려움은 근본적인 것이다. 분수식 앞에 있는 lim가 그것이다. '극한'을 의미하는 기호다.

미적분을 설명하는 모든 식에서 이 기호가 등장한다. 그리고 그때마다 수식은 한 차원 더 복잡해 보인다. 미적분의 계산이 차원을 오르내린다고 설명했는데, 극한 기호 때문에 미적분 계산의 전체 난이도가 덩달아 한 차원 높아진다.

왜 이렇게 될까?

미적분의 계산에 무한이 항상 포함되기 때문이다.

미분을 생각해 보자. 2차원 면적에서 1차원 길이를 계산한다. 이것은 면적을 이루는 세로 막대 조각을 찾아낼 때, 그 막대의 폭을 무한히 줄이는 것을 의미한다. '무한히 줄이는 것'이 극한이다. 미분 식에 있는 다음 부분이 이것을 나타낸다.

$$\lim_{\triangle x \to 0}$$

이 기호의 뜻은? $\triangle x$가 0에 가까워지는데($\triangle x \to 0$) 이것이 무한히(lim) 진행된다는 말이다.

어떤 값이 작아지는 과정이 무한히 진행되는 것? 이것이 제논의 역설에서 나타났었다.

아킬레스가 거북이가 있는 위치까지 다가가고, 그동안 거북이는 조금 더 앞으로 나아간다. 다시 아킬레스가 거북이가 있는 위치까지 다가가는데, 이 거리는 조금 전보다 훨씬 짧을 것이다. 그리고 이 과정이 반복된다. 얼마나? 무한히(lim)!

이렇게 무한히 작도록 만들어서 사실상 0이 되게 한다. 그래서 한 차원이 사라진다. 미분이 한 차원 아래의 값을 찾아내는 까닭이다.

이제 적분을 할 때는 그 '사라진 차원'을 다시 복구해야 한다. 무한히 나누어서 폭이 작아진 것들을 모두 더해야 하는 것이다. 그것들을 다 더하면 무한히 많은 것을 더하게 된다. 그래서 적분에서도 무한이 나타난다.

이것을 '$\int$'이라는 기호로 나타낸다. 그러니까, 이 기호 안에 극한(lim)이 포함되어 있다. 즉 적분 계산은 다음과 같은 의미이다.

$$\int f(x)\,dx = \lim_{n \to \infty} \sum_{k=1}^{n} f(x_k) \triangle x$$

식이 좀 복잡해졌다. 하지만 너무 어렵게 생각하지 말자. 한 단계씩 이해해 나가면 된다.

일단은 하나만 살펴보자. 그것은 '$\int$'에 해당하는 부분이 극한(lim)과 합(Σ)으로 구성된다는 것이다.

적분 계산은 제논의 패러독스에서 어떻게 나타날까?

아킬레스가 거북이의 위치에 도달하는 과정, 무한히 반복되는 그 과정을 다 더하는 것이다.

그 과정들이 반복되는 만큼 소요되는 각각의 시간도 무한히 줄어든다. 결국에는 전체 시간이 일정한 시간을 넘어서지 못한다. 그 지점이 실제로는 아킬레스가 거북이를 따라잡는 시점이다.

실무한!

그리고 적분 계산은 거기까지 아킬레스가 달려간 거리를 계산해 낸다. 이에 대해 자세히 설명하는 게 '구분구적법'이다. 관심이 있다면 수학책에서 찾아보자.

8장

수학은 비어 있다

모르는 값을 찾는 법

다음 문제를 풀어 보자. 크게 어려운 문제는 아니다.

〈숫자 퀴즈〉

9개의 칸으로 된 작은 표가 있다. 표 속의 가로 숫자 3개를 더한 값은 표의 오른쪽에, 세로 숫자 3개를 더한 값은 표의 아래에 있다. 이때 ?의 위치에 들어갈 수(숫자)는 얼마일까?

A	C	B	17
A	D	C	14
D	A	B	?
15	14	14	

이것을 계산하는 세 가지 방법이 있다.

첫 번째, 금방 생각할 수 있는 방법은 연립 방정식 풀이로 A, B, C, D의 값을 계산하는 것이다.

일단 다음과 같이 연립 방정식을 세운다.

$$A+A+D=15$$
$$C+D+A=14$$
$$B+C+B=14$$
$$A+C+B=17$$
$$A+D+C=14$$
$$D+A+B=\ ?$$

그리고는 이 연립 방정식을 푼다. (여기서는 하지 않겠다.)

두 번째, 위의 연립 방정식을 무작정 풀기보다는 조금 더 편리한 계산 방법을 찾는다.

처음의 두 줄을 보자.

$$A+\underline{A+D}=15$$
$$C+\underline{D+A}=14$$

두 줄 모두 A+D를 공통으로 가지고 있다. 그러므로 윗줄에서 아래줄을 빼면 $A-C=1$이 나온다.

그다음의 두 줄(즉, 셋째 줄과 넷째 줄)을 보자.

$$B+\underline{C+B}=14$$

$$A+\underline{C+B}=17$$

역시 C+B를 공통으로 가지고 있다. 그래서 아래 줄에서 윗줄을 빼면 A-B=3이 나온다.

두 계산에서 우리는 C가 B보다 2만큼 더 크다는 것을 알 수 있다.

왜냐하면,

$$\begin{array}{rl} & A-B=3 \\ -) & \underline{A-C=1} \\ & C-B=2 \end{array}$$

이제 맨 마지막 두 줄을 보자.

$$\underline{A+D}+C=14$$

$$\underline{D+A}+B=\ ?$$

역시 두 줄의 차이는 C와 B뿐이다. 따라서 ?에 들어갈 값은 12이다. (C가 B보다 2만큼 커야 하니까.)

이렇게 A, B, C, D의 값을 일일이 계산하지 않고 답을 알았다. 나름대로 뿌듯할 만하다.

그런데! 사실은 이것 역시 불필요한 헛수고에 가깝다. 더 간단하게 계산할 수 있는 방식이 있기 때문이다.

그것이 세 번째 방법이다.

이 그림에서,

A	C	B	17
A	D	C	14
D	A	B	?
15	14	14	

오른쪽의 세 숫자와 아래의 세 숫자의 합은 서로 같아야 한다.

왜? 오른쪽의 세 값이든 아래의 세 값이든, 결과적으로 표 속의 9개의 수를 모두 더한 것이기 때문이다.

이렇게 생각한다면 ?에 들어갈 값은 12가 곧장 나온다.

$$17+14+? = 15+14+14$$

계산은 간단하다.

그런데 이 계산이 중요하지는 않다.

더 놀라운 생각의 기술이 여기에 있기 때문이다.

기호를 사용하다

♣ 양이 몇 마리? 〈수학 유머〉

수학 선생님이 문제 풀이를 하면서 말씀하셨다.

"자, 여기서 양이 몇 마리인지를 x로 놓아 보자."

그러자 한 학생이 골똘히 생각하다가 반문했다.

"하지만 선생님, 만약 양의 숫자가 x가 아니면 어떻게 하죠?"

앞의 숫자 퀴즈는 그렇게 어렵지 않다. 그래서 앞에서 본 세 가지 풀이 방식을 모두 이해할 것이다. 동시에 세 가지 생각의 방법을 서로 비교할 수 있다.

세 가지 풀이 중에서 첫 번째 방법을 보자.

가장 힘들고 까다로운 풀이 방법이다. 나를 포함한 많은 사람들이 이런 방법을 제일 먼저 생각한다. 왜 그럴까? 우리가 바보라서 그런 것이 아니다. 세 번째 풀이에 비해서 첫 번째 방법의 강력한 장점이 있기 때문이다. 눈에 보이지 않는 장점.

그것은 어디에나 적용할 수 있다는 것이다. A, B, C, D의 값을 다 구하기 위해 여러 개의 연립 방정식을 만들어서 푸는 것은 다른 많은 분야에서 사용할 수 있다.

그렇다면 생각해 보자. 숫자 퀴즈를 해결했던 가장 편리한 세 번째 풀이 방법, 이것도 어디에나 적용할 수 있도록 하는 방법이 없을까?

보통 사람들이 이 방법을 금방 생각해낼 수는 없다. 하지만, 놀랍게도 그 방법을 우리는 수학책에서 배웠다. '미지수'가 그것이다.

숫자 퀴즈에서 9개의 네모 안에 든 값들이 전부 얼마인지 모른다. 하지만 이 값은 어떤 정해진 값일 것이다. 그래서 이것을 미지수 X로 놓을 수 있다. 네모 밑에 있는 세 숫자 15, 14, 14를 더하면 X이고, 또 오른쪽에 세로로 나열된 세 숫자 17, 14, ?를 더해도 X이다.

그렇다면 세 숫자들을 비교하기만 하면 된다.

17이 15보다 2만큼 크니, ?는 14보다 2만큼 작은 수, 즉 12가 되겠다.

이것을 이해하기는 어렵지 않다.

재미있는 점은, 우리가 수학 시간에 배워서 쉽게 이해하는 미지수의 생각 방법이 매우 정교하고 어려운 사고력이라는 점이다.

이것을 앞의 유머에서 알 수 있다.

양이 몇 마리가 있다고 해보자. 그게 몇 마리나 되는지 모른다. 그래서 x로 놓는다.

'양이 몇 마리?'라는 유머에서 선생님이 미지수 x를 놓을 때 바로 이것을 생각한다. 고등학교를 졸업한 사람이라면 비록 수학을 잘하지 못했더라도 이 정도는 이해할 것이다.

반면에 유머 속 학생의 반문도 이해할 수 있다.

학생은 x가 어떤 수인지 모른다고 생각한다. 미지수니까, 모르니까 그 수 x가 아닐 수 있다. 맞긴 하다. 그래서 웃긴다.

우리는 학생이 무엇을 잘못 생각하는지 안다.

그런데 선생님은 (아니면 우리는) 그 학생에게 뭐라고 설명해야 할까? 이것도 참 어렵다.

다음과 같이 말하는 것이 가장 좋은 설명이 아닐까.

"x가 아니면? 그럼 그 다른 수를 x로 놓으면 될 거 아냐?"

여기서 우리는 학교에서 배운 수학적 사고방식이 매우 추상적인 고급 지식임을 알 수 있다.

그렇다면 생각해볼 문제는 이거다.

이런 고급 사고력을 우리는 어떻게 쉽게 얻었나?

답은, 기호의 힘에 있다.

수학 기호에 감사하자

수학 기호는 대단한 창조물이다.

우리가 일상적으로 쓰는 $+$, $-$, $=$, 미지수 x, 제곱근 등의 기호는 오랜 시행착오를 통해서 창조되었다.

수학 기호의 가치를 어떻게 알 수 있을까? 그것이 없었을 때와 비교하는 것이 한 방법이다.

이를 위해서는 고대 로마로 돌아갈 필요가 있다.

> 신실한 기독교인이라면 공허한 거짓 예언을 하는 자와 수학자 모두를 경계해야 한다.

성 아우구스티누스의 말이다.

아우구스티누스(Augustinus Hipponensis, 354~430)는 서방 기독교에서 교부로 존경받는 성직자이다. 4세기 로마 시대의 지식인이었으며 북아프리카의 알제리 및 이탈리아에서 활동했다.

이런 지식인 성직자가 거짓 예언을 하는 자를 경계하라고 말했다. 이것은 지금 우리 입장에서 쉽게 이해가 간다. 그런데 수학자도 경계하라고 말했다. 왜 그랬을까?

그 이유를 알려면 로마 시대의 숫자 표현법을 살펴봐야 한다.

로마 숫자는 기본적으로 아래와 같은 7개 로마자 알파벳을 조합해 사용한다.

I : 1

V : 5

X : 10

L : 50

C : 100

D : 500

M : 1,000

간단한 예는 다음과 같다.

1 : I	10 : X
2 : II	20 : XX
3 : III	30 : XXX
4 : IIII (= IV)	40 : XXXX (= XL)
5 : V	50 : L
6 : VI	60 : LX
7 : VII	70 : LXX
8 : VIII	80 : LXXX
9 : VIIII (= IX)	90 : LXXXX (= XC)

원래는 4를 IIII로 표기하다가, 나중에는 좀 더 간편하게 IV라고 썼다. V가 5이니, 5에서 1이 모자란다는 뜻이다. IIII보다는 IV가 칸도 덜 잡아먹고, 묘비나 석판에 숫자를 새길 때도 손이 덜 간다.

같은 이유로 9를 IX로, 40을 XL, 90을 XC로 표시했다.

그러다 중세 시대에 이런 단축 표시들이 완전히 굳어졌다.

한편, 100부터 1000까지의 수는 다음과 같이 표기한다.

100 : C

200 : CC

300 : CCC

500 : D

600 : DC

1000 : M

이런 로마 숫자는 시계에도 나타난다. 조금은 친숙하다. 그래서 지금 우리가 쓰는 아라비아 숫자 체계에서 기호만 다를 뿐, 별 큰 차이가 없는 것으로 느껴질지 모른다.

하지만 그 '기호만 다른 것'이 심각한 문제를 유발한다.

간단한 더하기나 곱하기조차도 매우 복잡해지는 것이다.

로마 숫자로 계산하기

이제 로마 숫자로 78+133을 계산해 보자.

일단 계산해야 할 것을 로마 숫자로 표시해 보면 아래와 같다.

$$78+133 \iff \text{LXXVIII} + \text{CXXXIII}$$

그다음에 계산을 하려면? 더하기 기호(+)를 지우고 로마 숫자들을 다 모아서 내림차순 정렬을 해야 한다. 이렇게.

$$= \text{CLXXXXXVIIIIII}$$

그리곤 낮은 수부터 정리해 간결하게 만든다.

= CLXXXXXVIIIIII

= CLXXXXXVVI (← IIIII를 V로)

= CLXXXXXXI (← VV를 X로)

= CLLXI (← XXXXX를 L로)

= CCXI (← LL을 C로)

이제 CCXI을 읽으면 211이 나온다.

로마 숫자 표기법을 사용한 덧셈 계산이 매우 복잡해졌다. 아라비아 숫자를 사용하면 매우 단순한 계산인데 말이다.

덧셈이 이 정도인데, 로마 숫자를 사용하는 곱셈이나 나눗셈은? 평범한 지능으로는 거의 불가능한 작업이 될 것이다.

수학자 김민형 교수는 말한다. 2,000년 전 그리스에서 "나는 나눗셈을 할 줄 안다."라는 것은 엄청난 거였다고. 그리스는 로마와 비슷한 시기, 비슷한 문화권이다. 숫자 체계도 비슷했을 테니, 이제는 그 말이 이해된다.

당시에 곱셈과 나눗셈을 자유자재로 하면서 정확한 숫자 계산을 한다는 것은 마치 초능력에 가까웠다. 성 아우구스티누스 같은 종교인에게는 거의 하느님에게 도전하는 것으로 느껴지거나, 혹은 마법을 부리는 것처럼 보일 만했다.

이렇게 현대 수학의 기호체계는 생각의 무기이다. 숫자 표기 방식은 그중 하나일 뿐이다.

한편, 수학에서 훌륭한 기호체계가 중요한 또 다른 이유가 있다. 그것은 수학의 추상성 때문이다. 이는 기호체계의 본질적인 특징에 해당한다.

수학은 추상의 세계를 다룬다. 손에 잡히지 않고 눈에 보이거나 귀에 들리지도 않는 세계다. 그것에 대해 어떻게 다루어야 할까? 말과 기호로 추상적인 생각을 잡아내야 한다. 그것도 정확히 잡아내야 한다.

잘 만들어진 기호체계는 추상의 허공 속을 날기 위한 날개인 셈이다.

황금비는 어떻게 나왔을까?

우리가 아는 수학의 간단한 기호법조차 알고 보면 첨단 지식이다.

다행스럽게도, 배우고 나면 내용이 복잡하지는 않다. 대신에 기호법이 얼마나 첨단 지식인지 느끼기가 오히려 어렵다.

그래서 단순한 사례를 하나만 더 살펴보자. 황금비.

일반적으로 황금비란 근삿값 1 : 1.618 정도의 비율로서 사람의 눈에 가장 아름다워 보인다고 일컬어진다.

하지만 언제나 그렇듯이 구체적인 숫자가 중요한 것은 아니다. 황금비에 대한 정확한 개념이 수학적으로 더 중요하다. 그것은 다음과 같다.

> 황금비는 선분을 두 개의 선분으로 나누어서, 긴 선분에 대한 전체 선분의 비와, 짧은 선분에 대한 긴 선분의 비가 같게 했을 때의 그 비율이다.

말이 어렵다. 하지만 알고 보면 간단하거나 쉬운 생각, 때로는 당연한 생각이다.

어려운 말들은 허상일 뿐이다. 이것이 수학의 특징이다.

황금비의 개념 역시 잘 알고 보면 간단하고 쉽다.

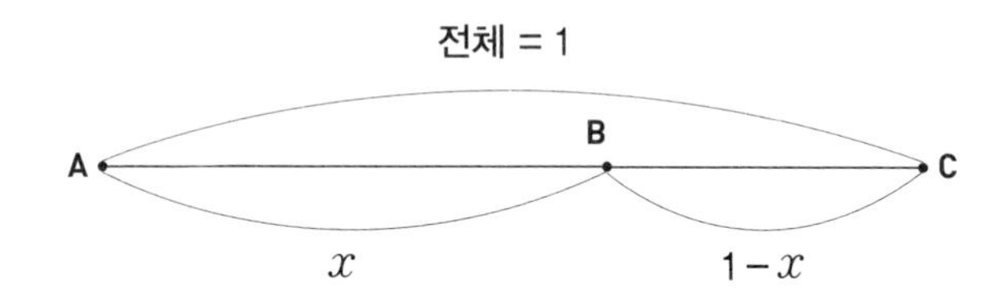

위에서 선분 AC를 점 B로 나누었다. 그러면 AB : BC의 길이 비율이 나올 것이다. 이 길이 비율이, 전체 선분 AC와 긴 선분 AB의 비율과 같도록 해보자. 그때의 비율이 황금비이다.

직관적으로 말하면,

(전체 관점) 큰 것 : 작은 것 = **(부분 관점)** 큰 것 : 작은 것

이 되도록 만드는 것이다.

전체와 부분의 비가, 그 부분과 나머지 부분의 비와 같아야 한다. 그러면 이 비율이 약 1.618 정도가 나온다. 작은 것이 1일 때 큰 것의 길이가 1.618 정도라는 말이다.

"전체 길이가 1이 아닌 경우는 어떡하지?"

혹시나 여러분이 이렇게 생각한다면 답은 이렇다.

"전체 길이가 1이 아니라도, 비율이기 때문에 결국 값은 같다."

그래, 무엇을 말하려는지 알겠다. 대충 얼마가 나오는지도 알았다. 이제 중요한 것은 "왜?" 혹은 "어떻게?"이다. 수학은 생각의 학문이기 때문이다.

황금비가 1.618 : 1이라는 점에 대해서도 마찬가지이다.

"왜 1.618 정도의 값이 나올까?"

또 다른 질문도 있다.

"대략 1.618이라고 했는데, 정확히는 얼마일까?"

이 모든 문제를 그냥 머릿속에서 이리저리 생각으로 굴리면 한없이 어렵다.

하지만 우리가 아는 간단한 수학 기호법을 동원하면 갑자기 쉬워진다. 비율을 나타내는 기호법과 비율을 계산하는 공식.

$$AC : AB = AB : BC$$

$$1 : x = x : 1-x$$

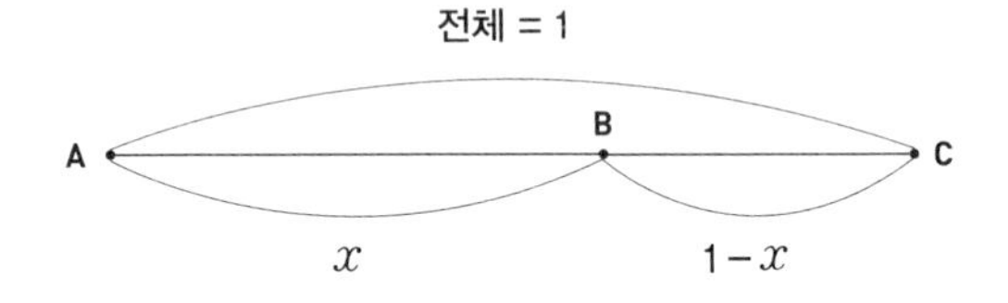

황금비의 개념 자체가 비율이다. 그 생각 그대로 썼다.

그다음에는 비율 계산하는 방법을 적용한다.

a : b = c : d라면, 항상 ad = bc가 성립한다.

비율(a:b=c:d)의 바깥쪽 두 수와 안쪽 두 수를 곱하면 같게 되는 것이다.

이렇게 하면 수식이 나온다. 즉 $x^2 = 1 - x$가 나오고,

다시 $x^2 + x - 1 = 0$이 나온다. 2차 방정식이다.

고등학교 때의 실력을 동원해서 풀면(예를 들어 2차 방정식의 근의 공식을 적용) 아래의 값이 나온다.

$$x = \frac{1+\sqrt{5}}{2} = 1.618033\cdots$$

이 기호법 없이 황금비를 계산한다면 어떨까?

정말 아우구스티누스가 경계하라고 말할 만한 지능을 가진 사람이어야 할 것이다.

진짜로 돈이 된다

수학, 규칙성을 발견하는 패턴 인식의 힘.

그 힘으로 무엇을 할 수 있을까?

수학의 힘은 우주선을 쏘아 올리는 현대 과학의 기술에서 쉽게 확인할 수 있다. 하지만 이건 남이 해줄 것 같다. 내 일이 아닌 것 같은 느낌.

내게 가까운 수학의 힘은 없을까? 예를 들어 영화 주인공처럼 카지노에서 엄청난 돈을 쓸어 담아 단번에 부자가 된다든지.

실제 그런 일이 있었다. 수학자가 수학적인 규칙성을 발견해서 카지노의 돈을 쓸어 담은 사건!

주인공은 에드워드 소프이다. 수학 교수인 그는 카지노의 블랙잭 게임에 적용할 수학적 규칙성을 찾아냈다.

블랙잭 게임을 할 때 딜러는 카드를 한 장씩 계속 뒤집어 보여준다. 고객에게 정보가 제공되는 것이다. 이건 블랙잭의 룰이다.

승패는 모르는 카드에 달려 있다. 뒤집지 않고 남은 카드에 A, 10, J,

Q, K가 더 많으면 고객에게 유리하고 2, 3, 4, 5, 6과 같이 낮은 수의 카드가 더 많으면 카지노에 유리하다. 전체 13종류 중 5종류는 유리하고 5종류는 불리한 것이다. 나머지 7, 8, 9의 카드(3개)는 누구에게도 유리하지 않다.

보통은 고객이 이길 확률이 더 낮다. 알려진 바로는 고객이 이길 확률은 45%, 카지노가 이겨 고객이 돈을 잃을 확률은 55%이다. 그래서 블랙잭 게임을 오래 하면 카지노가 반드시 돈을 벌고 고객은 파산한다. 한때 고객이 돈을 따더라도 그건 그때뿐이다.

하지만 소프 교수는 승률을 53.6%로 올리는 방법을 찾아냈다. 이를 위해선 카드를 잘 기억하고 확률을 계산하며 게임을 해야 했다.

먼저 상황이 내게 유리한지 불리한지 알아내야 한다. 그를 위해 새 카드를 뒤집을 때마다 머릿속으로 계산한다. 카드 세기이다.

카드를 한 장 뒤집을 때마다 상황이 유리해지면 +1, 불리해지면 -1을 암산하는 것이다. 최종적인 값이 크면 돈을 많이 걸고, 값이 작으면 돈을 적게 건다. 이것이 핵심이다.

마지막 순간에 돈을 얼마나 걸어야 할까? 다음과 같은 켈리 공식 Kelly Criterion에 따른다.

$$\text{베팅 비율} = \frac{\{(\text{배당} \times \text{승리 확률}) - \text{패배 확률}\}}{\text{배당}}$$

예를 들어 승률이 60%, 이기면 2배(+1배), 지면 잃는(-1배) 게임을

한다면,

$$\text{베팅 비율} = \frac{\{(1 \times 60\%) - 40\%\}}{1} = 20\%$$

가진 돈의 20%를 걸어야 한다.

블랙잭을 할 때 승률은 계속 변한다. 카드를 세어 변하는 승률을 계속 파악해야 한다. 유리할 때는 공식에 따라 베팅 금액을 늘리고 불리할 때는 베팅 금액을 줄여야 한다. 그러면 장기적으로 돈을 따게 되어 있다.

수학책에 나올 법한 이런 공식이 정말 현실에서 작동할까?

앞에서 설명했듯이 수학은 '신의 언어'라고 불리는 절대 법칙이다. 모든 물리 법칙이 붕괴되는 특이점인 블랙홀, 거기서도 수학의 법칙은 예외 없이 적용된다. 그러니까 물리학자들이 블랙홀을 연구할 수 있는 거다. 블랙홀에 비하면 카지노는 훨씬 양반이다.

소프 교수는 카지노로 가서 자신의 계획을 실행했고 실제로 돈을 땄다. 몇 시간 만에 수만 달러(수천만 원)를 벌어들였다.

영화에나 나올 법한 일이다. 하지만 이건 사람들에게 수학 공부를 장려하려고 지어낸 소설이 아니다. 실화다.

하긴 어찌 보면 새삼스러울 것도 없다. 파리 도박판에서 수학으로 돈을 벌던 데카르트의 취미를 소프 교수는 본업으로 승화시켰을 뿐이니까.

나중에 어찌 됐을까?

카지노도 마냥 돈을 잃을 수는 없었다. 그래서 소프 교수의 카지노 출입을 금지시켰다. 그리고 블랙잭의 규칙도 바꿔 버렸다. 그것이 그들이 할 수 있는 전부였다.

경찰에 고발하지는 못했다. 왜? 소프 교수가 잘못한 것은 없었기 때문이다. 누구라도 도박을 하면서 자신이 이기기 위해 머릿속으로 생각은 할 수 있으니까.

지금 켈리 공식은 워런 버핏, 빌 그로스 등의 투자자들이 돈을 버는 데 쓰고 있다. 자산 관리와 투자 비율의 기본 원칙으로 활용한다.

이상하지 않은가?

소프 교수의 이야기는 흥미를 돋운다. 그뿐인가? 1장에서 본 수학자 사이먼스 교수 이야기는 더욱 환상적이었다.

그런데 잠깐! 이상하지 않은가?

세상에 수학자들은 많다. 그런데 우리는 왜 에드워드 소프나 제임스 사이먼스처럼 부자가 된 수학자를 많이 알지 못할까?

수학의 힘이 강력해서 돈을 버는 데도 쓸 수 있다? 그렇다면 부자가 된 수학자들이 많아야 할 것이다. 모든 수학자들이 부자가 되지는 않더라도 말이다.

나는 이것이 궁금했다. 왜 그럴까?

내가 얻은 대답은 크게 셋이다.

첫째, 소프 교수와 사이먼스 교수 외에도 수학의 힘으로 돈을 많이 번 수학자들은 여럿 있다.

글로벌 회사 구글google을 만든 세르게이 브린Sergey Brin과 래리 페이지Larry Page도 대표적인 예다. 이 둘은 2022년 세계 부자 순위 7, 8위에 랭크되었다.

이들은 수학이 아니라 컴퓨터과학을 전공했지만, 검색 엔진은 어차피 수학 응용 분야에 가깝다. 구글은 페이지 랭크Page Rank(문서 중요도에 가중치를 부여해 상위노출이 정해진다.)라는 수학적 알고리즘을 바탕으로 만들어졌다. 회사 이름도 10의 100제곱이라는 큰 수의 이름 구골googol에서 유래했다.

하지만 그래도 큰 부자가 된 수학자들이 많다고 하기는 어렵다. 수학자인 토비아스 단치히Tobias Dantzig도 그의 저서에서 부자인 수학자는 많지 않다고 말한다.

둘째는, 많은 수학자들은 돈을 버는 데에 그리 관심이 없다는 것이다.

수학자들이 돈을 못 버는 것이 아니라 안 버는 것이다. 뛰어난 수학자들은 수학으로 돈을 버는 것보다는 수학을 연구하는 데에서 더 큰 재미를 느낀다.

1654년에 어떤 전문 도박사가 두 수학자 페르마와 파스칼에게 도박의 문제에 대한 수학적 해답을 요청했다. 파스칼이 그에 대한 답을 찾아냈다. 하지만 파스칼은 수학 실력을 이용해 돈을 따는 데는 관심이 없었다.

제임스 사이먼스의 회사로 불려간 동료 수학자 엘윈도 비슷하다. 엘윈 교수는 투자 회사인 르네상스 테크놀로지에서 〈메달리온 펀드〉를 이끌며 충분히 돈을 벌었다. 하지만 곧 다시 버클리대로 돌아갔다. 수학을 연구하고 가르치러 돌아간 것이다. 그에게 돈을 버는 것은 삶의 수단에 지나지 않았고 진정 인생에서 하고 싶은 바는 수학 연구였던 것이다.

셋째는? 많은 수학자들이 수학을 깊이 있게 이해하지 못하기 때문이다. 이것은 수학자들이 돈을 안 버는 것이 아니라 못 버는 경우다.

수학자들이 수학을 깊이 있게 이해하지 못한다고? 두 가지 의미에서 그렇다.

먼저, 많은 수학자들이 수학을 너무 쉽게 이해했다. 그들에게 수학의 내용은 쉽고 당연하다. 그래서 오히려 자신들이 잘 계산하고 증명하는 것의 의미를 깊이 이해하지 못한다.

이것은 한국어를 잘하는 한국인이 한국어 문법을 모르고, 바둑 천재 이세돌이 바둑을 두는 인간 지능에 대해서 잘 모르는 것과 같다. 우리가 바둑을 어떻게 두는지를 가장 잘 아는 사람은 데미스 허사비스Demis Hassabis일 것이다. 허사비스가 이세돌을 이긴 바둑 인공지능 알파고를 만들었다. 마찬가지로 수학을 잘하는 것과 그것에 대해서 잘 아는 것은 다르다.

다음으로, 평범한 많은 수학자들은 수학 문제 풀이를 위해서만 수학을 공부하고 이해한다.

이것이 이제 내가 꼬집어 말하고 싶은 부분인데,

그전에 '수학이 무엇인지'에 대해 다시 한 번 정리해 보자.

수학은 비어 있다

신은 자연수를 만들었고, 그 밖의 모든 것은 사람이 만든 것이다.

- 레오폴드 크로네커(1823~1891)

수학은 빈칸들로 되어 있다.

거듭 설명했듯이 수학의 모든 기호들은 빈칸이다.

그리고 $y=ax+b$라는 식에서 x, y, a, b라는 빈칸에 들어가는 수들도 모두 빈칸이다. 예를 들어 7이라는 수가 있다면 그것은 사과 7개, 자동차 7대, 물건의 길이 7cm 등 모든 것이 들어갈 수 있는 빈칸이라 볼 수 있다.

이건 매우 명백하다. 사람들이 잘 말하지 않을 뿐이다.

'빈칸'이라는 표현은 내가 개인적으로 쓰는 단어지만 세계적인 수학자들도 비슷한 방식으로 말한다.

수학의 세계 (가장 간단한 그림)

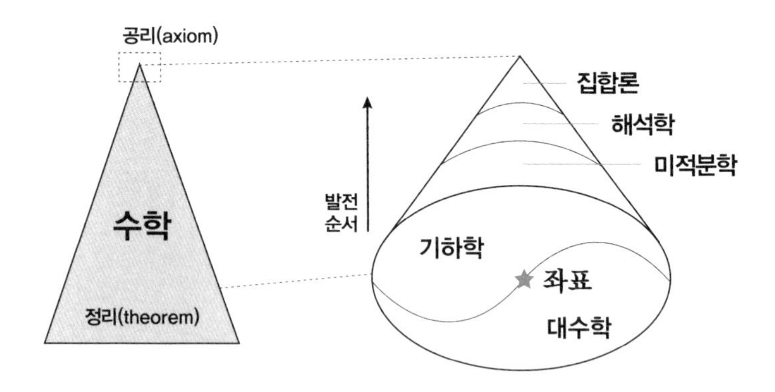

수학은 공리 체계, 즉 수학 삼각형의 꼭대기에 있는 공리에서 모든 정리(내용)들이 연역된다.

수학 삼각형 꼭대기에 있는 공리들을 출발점으로 연역 추론을 통해 나머지 모든 수학적 지식들을 도출하는 것이다.

그런 연역 추론은 전제(공리)에 있는 내용을 동어반복한다. 여기에 새로운 지식은 추가되지 않는다.

그리고 현대 수학의 꼭대기에 집합론이 있다.

집합론을 구성할 때 출발점이 공집합 { }(=ø)이다. 덜 헷갈리게 'ø'를 써서 설명해 보겠다.

공집합을 원소로 갖는 집합 {ø}을 하나 생각한다. 그러면 그냥 공집합 ø와 공집합을 원소로 갖는 집합 {ø}, 둘이 생기는 거다.

즉 {ø, {ø}}.

그러면 다음과 같이 된다.

$\varnothing = 0$	(원소가 없음)
$\{\varnothing\} = 1$	(원소가 하나 있음)
$\{\varnothing, \{\varnothing\}\} = 2$	(원소가 $\varnothing$와 $\{\varnothing\}$ 2개 있음)

그리고 이렇게 계속 해나갈 수 있다.

자연수가 생겨난다. 그다음에는 자연수로 정수를 만들고 유리수 등등을 만들어서 모든 수를 만든다.

자연수를 생성하는 재료가 공집합이다. 빈 것이다.

빈 것, 즉 아무것도 없는 것으로 모든 것을 만들어낸다.

이런 의미에서 수학은 불교 철학에서 말하는 공空과 같다.

불교의 공空 사상이란 무엇인가?

공 사상의 핵심은, 모든 존재가 고정불변하는 자체의 성질이 없다는 것이다. 그 논리적 근거는 연기설이다.

연기설의 내용은 모든 존재가 인연因緣의 화합으로 생멸한다는 데 있다. 모든 것이 다른 것과 상호의존적 관계에 있기 때문에 다른 것이 변하면 그것도 변한다. 그래서 고정불변하지 않다.

결국 궁극적으로 그 자체로 존재하는 것도 없다. 이를 '무아無我'라 한다.

공空의 의미는 이런 것이다.

불교에서는 공이 고락苦樂과 유무有無의 양극단을 떠난 중도中道라고 말한다. 고통스러운 것도 아니고 즐거운 것도 아니며, 있는 것도 아니고 없는 것도 아니다.

이상의 내용을 정리하면 공空의 의미는 대략 아래 3가지이다.

(1) 모든 것이 그 자체적인 고정불변의 성질이 없다.

(2) 모든 것이 다른 것과 상호의존적이다.

(3) 좋은 것도 아니고 나쁜 것도 아니며, 있는 것도 아니고 없는 것도 아니다.

그런데 수학도 이와 같다.

추상화를 통해 일반성을 키우다 보면 그 극단에서는 수학의 기호에 아무런 의미가 남지 않게 된다.

이 단계에서 수학은 단지 무의미한 기호 조작이 된다.

수학적 도통道通의 최고 단계라 할 수 있다.

예를 들어 드 모르간(A. de Morgan, 1806~1871)은 문자 x, y, z 등이 반드시 수를 나타낼 필요는 없다고 생각했으며, 수학식의 문자뿐만 아니라 연산 기호에도 구체적인 의미를 부여하지 않았다.

우리가 고등학교 수학책에서 배우는 드 모르간의 법칙을 집합 기호로는 이렇게 표현한다.

$$(A \cup B)^C = A^C \cap B^C$$

$$(A \cap B)^C = A^C \cup B^C$$

그리고 명제 기호로는 다음과 같다.

$$\sim (P \vee Q) = (\sim P) \wedge (\sim Q)$$

$$\sim (P \wedge Q) = (\sim P) \vee (\sim Q)$$

다 아는 내용일 것이다. 이것을 다시 잘 생각해 보자.

결국 우리는 집합 기호로 표현된 것과 명제 기호로 표현된 것이 정확히 같은 의미라는 것을 안다.

집합 기호가 명제 기호의 변형일 뿐이고, 명제 기호가 집합 기호의 변형일 뿐이다.

그렇다면 그것을 집합 기호니 명제 기호니 구분 지을 필요가 없다. 어떤 측면에서 무의미한 것이다.

그럼에도 드 모르간의 법칙은 아무것도 아닌 것은 아니다.

전기, 전자 공학적으로는 논리 회로에서 이용하는 법칙(패턴)이다.

공空하지 않은가.

현대로 오면 힐베르트(David Hilbert, 1862~1943)가 기하학을 추상화하면서 수학을 더욱 공空함의 단계로 끌어올렸다.

그는 수학 지식 체계의 핵심인 증명 과정에서 암암리에 확인되지 않은 가정이 숨어드는 것을 막고자 했다.

이를 위해 유클리드 기하학의 공리들을 하나씩 재점검하여 기호로 표현하는 작업을 했다.

그 결과 그가 다시 쓴 공리들은 '점', '선', '각' 등을 다른 말로 바꾸어도 문제없이 성립하게 되었다.

그리고 다음과 같은 유명한 말을 남겼다.

> 우리는 언제든 점, 직선, 평면 대신 탁자, 의자, 맥주잔이라고 말할 수 있어야 한다.

이 단계에서 개념들에 대한 정의는 공리의 한 부분이 되었다.

개념 정의에서 규칙은 공리가 되었고 의미는 제거되었다.

(유클리드 시대에는 개념 정의와 공리가 완전히 달랐지만, 현대 수학에서는 같아진 것이다. 앞에서 내가 개념 정의를 공리에 포함시킨 것도 이 때문이다.)

힐베르트가 유클리드 기하학의 공리들을 재점검한 까닭은 우리 생각 속의 숨은 가정을 모두 드러내서 혹시 생길지 모르는 착오를 막고자 했기 때문이다.

힐베르트의 현대적 기하학에서 점, 직선, 평면의 의미가 사라지듯이 현대 수학에서 모든 기호의 의미가 사라진다.

오직 존재하는 것은 규칙들일 뿐이다.

이해는 해도 공부하기는 쉽지 않다.

왜 어려울까?

추상화를 통해 의미가 사라진 무의미한 기호들의 사용법을 정확하게 기억하기가 어렵기 때문이다.

수학에서 기억력이 중요해지는 대목이다.

하지만 이것을 수학 공부할 때만 투덜댈 문제는 아니다. 어느 과목에서나 많은 것을 기억하지 않는가.

게다가 이렇게 공부해서 얻는 것이 결코 작지 않다.

그 생각의 힘이 우리에게 놀라운 사고력을 넘어, 현실의 마술 램프를 쥐어줄 수도 있을 테니.

수학을 우리의 본능으로

평범한 많은 수학자들은 수학을 위한 수학만 이해한다.

수학자든 아니든 절대 다수의 사람들이 수학을 공부할 때 '그냥' 수학 문제를 푼다.

— 답을 맞혔는가? 그렇다면 만족한다. 끝이다.

우리는 이렇게 수학을 공부한다. 이렇게 공부한 우리들 중 좋은 성적을 받은 사람들이 수학자가 된다.

물론 모두 그렇지는 않다. 하지만 그런 수학자들이 생각보다 많다.

중요한 것은 우리 자신이다. 우리의 수학적 사고를 돌아보자.

우리 머릿속에서 수학은 두뇌의 표면에 둥둥 떠 있다. 그것은 머릿속의 다른 생각들과 어울리지 못하는 '이물질'이다. 시험에서 수학 문제를 풀 때만 사용하는 도구일 뿐이다.

수학을 응용한다고? 기껏해야 소프 교수의 이야기를 읽고 뒤늦게 카지노에나 갈 것이다. 하지만 그때는 이미 블랙잭의 규칙이 바뀌었다. 책에서 배운 방법은 아쉽게도 물 건너 간 이후다.

블랙잭이 아닌 다른 게임에 수학을 적용하면 되지 않을까?

"내가 그걸 어떻게 해? 수학책에서 배운 적이 없는데!"

정말 수학으로 대단한 성과를 내고 싶다면, 남들이 수학을 써먹지 못하는 새로운 영역에 신의 언어인 수학을 적용해야 한다. 그래야 그들 이상의 성과를 낼 수 있다.

그러려면 어떻게 해야 할까?

우리 두뇌의 표면에 이물질처럼 떠 있는 수학을 두뇌의 깊은 곳으로 밀어 넣어야 한다. 수학을 우리의 본능으로 만들어야 한다. 배고픈 사람의 눈에 모든 것이 음식으로 보이듯이, 수학적 언어로 모든 것을 볼 수 있도록 말이다.

구체적으로 어떻게?

수학의 내용을 하나하나 깊이 이해해야 한다. 그래서 동어반복으로 점철된 수학의 언어가 너무나 당연하게 느껴져야 한다. 수학의 언어가 아름다운 시詩의 언어처럼 감정과 느낌으로 마음에 와닿아야 한다.

쉽지는 않다. 우리가 이미 안다고 생각한 수학의 내용을 다시 하나

하나 음미하고 이해해야 할 것이다.

기회가 된다면 내가 아는 것들을 하나씩 알려주고 싶다. 이 책에서 2차 방정식에 대해 설명하고 좌표평면과 차원에 대해 설명했듯이 집합론, 선형대수학, 괴델의 불완전성 정리, 갈루아 이론 등 수학의 매우 심오한 재미까지 전하고 싶다.

하지만 그것은 정말 끝없는 이야기가 될 것이다. 영원히 끝나지 않을 만큼 긴 이야기.

일단 욕심을 줄이고 하나에 집중하자.

이 책에서 강조한 수학의 재미, 그 진짜 재미를 느끼도록 하자.

그를 위해 다음의 초점들을 기억하자.

> 문제 자체에서 답을 찾는 것,
>
> 숨은 규칙성(패턴)을 찾는 것,
>
> 동어반복의 필연성을 느끼는 것,
>
> 추상적 아이디어의 의미를 이해하는 것,
>
> 수학자들의 창의적인 아이디어에 감탄하는 것 등

그리고 자신만의 수학의 재미를 하나씩 더 발견해 보도록 하자.

그러다 보면 수학은 점점 더 우리 마음의 변두리에서 중심부로 들어올 것이다.

금방 모든 수학을 깊이 이해하고 느낄 수 있으리라 기대하지는 말자.

그건 지나친 욕심이다.

큰 지식은 짧은 시간의 노력으로 얻을 수 없다.

시간을 가지고 천천히 공부하자.

더 이상 수학 성적이 중요하지 않을 때 비로소 진정한 수학 공부가 시작된다.

그때 수학의 진짜 재미를, 다시 만날 것이다.

수학은 어떻게 생각의 무기가 되는가

수학의 진짜 재미

초판 1쇄 발행일 | 2023년 12월 15일

지은이 | 이창후

펴낸이 | 이우희

디자인 | 宇珍(woojin)

펴낸곳 | 도서출판 좋은날들

출판등록 | 제2011-000196호

등록일자 | 2010년 9월 9일

일원화공급처 | (주) 북새통 (03938) 서울시 마포구 월드컵로36길 18 902호

전화 | 02-338-0117 **팩스** | 02-338-7160

이메일 | igooddays@naver.com

copyright ⓒ 이창후, 2023

ISBN 978-89-98625-49-8 03410

* 잘못 만들어진 책은 서점에서 바꾸어드립니다.